中国企业的环境行为与绩效研究

——以节能服务外包为例

周　萍　王宇露　著

东北大学出版社

·沈　阳·

ⓒ 周　萍　王宇露　2018

图书在版编目（CIP）数据

中国企业的环境行为与绩效研究：以节能服务外包
为例／周萍，王宇露著. — 沈阳：东北大学出版社，
2018.8
　　ISBN　978-7-5517-2016-8

　　Ⅰ. ①中… 　Ⅱ. ①周… 　②王… 　Ⅲ. ①企业环境管理
－研究－中国 　②企业绩效－企业管理－研究－中国 　Ⅳ.
①X322.2 　②F279.23

中国版本图书馆 CIP 数据核字（2018）第 209927 号

────────────────────────────

出　版　者：东北大学出版社
　　　　　　地址：沈阳市和平区文化路三号巷 11 号
　　　　　　邮编：110819
　　　　　　电话：024－83683655（总编室）　83687331（营销部）
　　　　　　传真：024－83687332（总编室）　83680180（营销部）
　　　　　　网址：http://www.neupress.com
　　　　　　E-mail: neuph@ neupress.com
印　刷　者：沈阳市第二市政建设工程公司印刷厂
发　行　者：东北大学出版社
幅面尺寸：170mm×240mm
印　　张：11.25
字　　数：226 千字
出版时间：2018 年 8 月第 1 版
印刷时间：2018 年 8 月第 1 次印刷
责任编辑：孟　颖
责任校对：子　敏
封面设计：潘正一

────────────────────────────

ISBN　978-7-5517-2016-8　　　　　　　　定　　价：59.00 元

感谢教育部人文社科青年基金"节能服务外包关系的治理机制与外包绩效研究"（批准号：13YJC630174）、上海环境能源交易所对本研究的资助。

前　言

　　21 世纪以来，应对全球气候变化，积极开展环境保护已经成为摆在世界各国面前的共同课题。提高能源效率是应对全球气候变化的主要努力方向，也是推进全球能源系统转型、改善能源消费引起的环境问题的关键所在。与世界平均水平和发达国家水平相比，中国的能源效率仍有较大的提升空间。目前，中国能源效率约为 37%，比发达国家低了近 10%，单位 GDP 能耗为世界平均水平的 2 倍、发达国家水平的 4 倍。因此，如何提高能源利用效率，已经成为中国未来经济发展中迫切需要解决的一个问题。

　　研究表明，提高能源效率可从能源经济效率和能源技术效率两个方面入手。20 世纪 70 年代以来，节能服务外包作为一种市场化的创新型节能项目投资机制，已经成为世界各国提高能源经济效率的一种重要方式。在节能服务外包中，节能服务公司（作为接包方）利用专业的技术、设备、知识为用能企业（作为发包方）提供节能服务，降低其能源成本，并承担风险，共享节能收益。用能企业通过使用节能服务公司提供的专业服务，不仅提高了能源效率，而且实现了核心业务的聚焦和核心竞争能力的提升。进入 21 世纪，我国节能服务外包得到快速发展。遗憾的是，当前我国节能服务外包的关系质量不高，不公平、不信任等负面情感蔓延，不仅增加了节能服务的运行成本、交易成本，降低了节能服务外包绩效，有时甚至直接导致节能服务合同的非正常终止。因此，研究如何改善节能服务外包的关系治理已经成为学术界和实践界的一个重要课题。

　　通过技术进步和创新，优化技术创新的组织与供给模式，提升能源技术效率，是提高能源效率的另一种重要手段。技术创新在能源革命中起决定性作用，它是能源结构优化及转型升级的不竭动力。只有通过创新掌握核心技术，建设清洁低碳、安全高效的现代能源体系，才能抓住能源变革的关键、把握能源持续健康发展的主动权。国家能源局发布的《能源技术创新"十三五"规划》中明确指出，从 2016 年到 2020 年，我国要集中力量突破重大关键技术、关键材料和关键装备，实现能源自主创新能力大幅提升、能源产业国际竞争力明显提升，能源技术创新体系初步形成。因此，研究影响中国能源技术效率提升的因素和模式将具有重要的理论意义和实践价值。

本书基于作者主持的 2013 年度教育部人文社科青年基金"节能服务外包关系的治理机制与外包绩效研究"（批准号：13YJC630174）的结项成果，以及上海环境能源交易所资助项目的结项成果，在企业环境行为的分析框架下，研究中国企业的象征性节能行为及其影响因素，节能服务外包的关系治理机制及其对外包绩效的影响，中国企业节能技术创新的影响因素及其模式等三大问题。具体思路和结构安排如下：首先梳理企业环境行为的理论演进，搭建企业环境行为的分析框架，然后综合制度理论和组织理论，揭示影响企业象征性节能行为的因素。在此基础上，综合服务外包理论、心理契约理论、能力理论、网络组织理论等，从组织间、组织和个人等多个层面揭示中国企业节能服务外包的多元关系治理机制及其对绩效的影响机理，进行实证研究，并揭示中国企业节能技术创新的机制与模式，以期帮助中国企业提升环境绩效与经济绩效，推动中国节能服务产业的发展以及"美丽中国"建设目标的早日实现。

作　者

2018 年 3 月

目　录

第 一 章

导　论

　　长期以来，中国经济发展一直依赖要素驱动增长的模式，通过能源和资源的粗放式投入拉动经济增长。在收获了 30 多年经济超高速发展的同时，也给我国带来了大气、水资源和土壤覆被的严重污染，消耗了大量的能源和资源。随着国家对节能领域的重视，不少企业试图在遵循节能环保的法律管制的同时，保持技术效率，由此产生了大量的象征性节能行为。而更多的企业开始将能源管理、节能改造这一非核心业务外包给节能服务公司。由此，在进入 21世纪后，作为一种市场化节能机制，节能服务外包在中国得到了快速发展，推动了中国能源效率的提高与低碳经济的发展。本书将在环境行为理论的视角下，针对企业节能领域的象征性节能行为、企业节能服务外包中的关系治理、节能技术创新等问题展开研究。

第一节　选题背景与意义

一、选题背景

　　21 世纪以来，应对全球气候变化，积极开展环境保护已经成为摆在世界各国面前的共同课题，中国政府也逐渐认识到传统发展模式的不可持续，开始重视起环境保护问题。党的十八大将生态文明建设纳入了中国特色社会主义事业"五位一体"总体布局。2015 年，新《中华人民共和国环境保护法》实施，中国推进生态文明建设和环境保护的力度前所未有，全社会对"绿水青山就是金山银山"已形成共识。"十三五"规划纲要提出，要加快改善生态环境，并围绕这一目标在环境综合治理、生态安全保障机制、绿色环保产业发展等方面进行了总体部署。党的十九大报告中进一步提出了要加快生态文明体制改革，建设"美丽中国"。

　　面对政府对环境管制的日益严厉，面对消费者对节能环保产品的日益青睐以及社会公众对于节能环保事业的广泛参与，很多企业不得不遵守环境规制，主动或被动开展环境管理，实施环境行为与战略，降低企业生产经营对环境的负面影响。企业是否积极地、真正地开展环境行为成为社会各界评价企业社会责任的一个重要维度，企业环境管理水准的高低也成为各界判断企业竞争力高低的重要指标之一。当然，也有不少企业表面上遵从环境规制，在组织结构、战略等方面做出调整，标榜自己是"绿色""环保""清洁"的企业，执行的是全球最科学、最先进的节能环保标准和要求，以获得组织合法性。但是，这些企业在实际经营过程中，却没有履行环境承诺，将节能环保法律法规置之脑后，屡屡成为媒体和环境管制机构披露的"上榜企业"。因此，研究企业为什么开展象征性环境行为，找到影响企业象征性环境行为的因素具有重要的意义。节能行为是一种重要的环境行为。一直以来，家电、照明、汽车等行业出现了诸多象征性节能现象，使得探究象征性节能行为背后的理论动机具有较为重要的理论意义和现实价值。

节能服务是一种通过外包节能或能源管理来提高能效的市场化节能方式。节能服务自 20 世纪 70 年代中期后在北美和欧洲发展起来后，近年来在我国迎来了飞速发展，并且发展的潜力十分巨大。与能源利用效率较高的国家相比，中国节能潜在效益非常可观。从单位产值能耗来看，有关研究结果表明，中国单位产值能耗水平比世界平均水平高 2.4 倍，比美国、欧盟、日本、印度的单位产值能耗水平分别高 2.5 倍、4.9 倍、8.7 倍和 0.43 倍。从单位产品能耗来看，中国电力、钢铁、有色、石化、建材、化工、轻工、纺织 8 个行业主要产品单位能耗平均比国际单位能耗先进水平高 40%，如铜冶炼综合能耗高 65%，大型合成氨综合能耗高 31.2%，纸和纸板综合能耗高 120%。

然而，当前我国节能服务外包的关系质量不高，不公平、不信任等负面情感蔓延，不仅增加了节能服务的运行成本、交易成本，降低了节能服务外包绩效，有时甚至直接导致节能服务合同的非正常终止。因此，研究节能服务外包关系的治理具有重要的意义。此外，在提高能源效率，推进节能服务绩效水平提升的过程中，如何选择合适的节能技术创新模式成为节能服务公司和用能企业不得不面临的问题。部分企业在进行节能技术创新的过程中也遭遇到不少困扰，影响了企业的环境绩效和经济绩效。

基于以上背景，本研究从环境行为理论的视角出发，对中国企业的象征性节能行为、节能服务外包的关系治理、节能技术创新等环境行为问题进行研究。下面首先梳理企业环境行为的理论演进，搭建企业环境行为的分析框架，然后综合制度理论和组织理论，揭示影响企业象征性节能行为的因素。在此基础上，综合服务外包理论、心理契约理论、能力理论、网络组织理论等，从组织间层面、组织层面和个人等多个层面揭示中国企业节能服务外包的多元关系治理机制及其对绩效的影响机理，进行实证研究，并揭示中国企业节能技术创新的机制与模式，以期帮助中国企业提升环境绩效与经济绩效。

二、研究意义

（一）理论意义

首先，探究中国象征性节能行为的影响因素，对于构建低碳经济时代的企业环境绩效和经济绩效分析框架，具有一定的理论意义。Rugman 和 Verbeke（1998）[①]的研究发现，企业应对环境政策的战略会以"服从（compliance）"的形式存在，并且取决于企业预期的经济利益，经济利益有高低之分；另一方面，取决于该经济利益的获取是受产业绩效（比如，市场份额、赢利能力、企业成长等）的驱动还是受管制的驱动。管制的驱动完全来自行政执法组织的力量驱使企业服从国际环境保护政策。因此，基于管理者的视角，企业的应对战略主要有四种情况：绩效驱动的服从、行政执法力量驱动的服从，不服从，以及有条件的服从。研究发现，只有企业的环境保护和污染防治等绿色环保活动能够给企业带来竞争优势时，企业才会把环境保护方面的投入作为企业战略的一种。因此，讨论企业象征性节能行为的驱动因素及其对绩效的影响机制，能够为低碳经济时代的企业环境绩效和经济绩效分析提供初步的理论框架和借鉴思路。

其次，综合服务外包理论、心理契约理论、能力理论、社会网络理论等，揭示影响节能服务外包关系的治理方式及其对外包绩效的影响机理，能推动服务外包关系治理研究的深化。本研究综合服务外包理论、心理契约理论、能力理论、社会网络理论等，建立包括合同治理、关系契约治理和心理契约治理三种治理方式的节能服务外包关系的治理机制，综合外包管理能力和交易特征阐明治理机制的形成与演化机理，揭示三种治理方式的互动机制及其对外包绩效的影响。具有以下理论价值：第一，从组织间关系层面深入到个人层面研究外包关系的治理，揭示外包项目经理感知的心理契约及其治理作用，能促进心理契约理论在外包关系治理中的应用；第二，研究外包管理能力对治理机制形成、演化与作用发挥的影响，能弥补已有研究对组织能力的忽视；第三，引入社会网络理论与方法，揭示不同层面的三种治理方式间的互动机制及其对外包绩效的影响，能弥补现有研究中组织间层面视角与个人层面视角的断层。

最后，研究中国企业开展节能技术创新的影响因素、组织模式，以及共性

---

①Rugman A M，Verbeke A.Corporate strategy and international environmental policy[J].Journal of International Business Studies,1998,29(4):819-833.

技术供给模式，有助于推动新兴市场国家企业的节能技术创新研究。与发达国家不同，新兴市场国家的企业面临着是否有必要开展节能技术创新的问题。中国企业开展节能技术创新的组织模式与供给模式也有着自己的特点。节能技术创新是中国企业基于已有资源基础、在高不确定环境下的一种战略选择。本书揭示了影响中国企业开展节能技术创新的三大影响因素，探讨中国企业开展节能技术创新的组织模式与供给模式，有助于推动中国企业的节能技术创新研究。

（二）实践意义

首先，研究企业象征性节能行为，对于制定规范企业节能行为的法律法规，促进企业实施积极的节能行为具有重要的现实意义。企业是低碳经济的微观执行主体。有部分学者的研究发现，企业环境行为对企业绩效没有产生显著的影响。如 Gilley 等（2000）在组织声誉理论框架下，对 71 家做出环境行为声明的企业进行事件研究发现，企业环境行为对企业绩效没有产生显著的影响。但是，大多数学者的研究都证实，企业积极开展环境行为，有助于企业降低成本、改善绩效。不少企业通过积极的环境管理①，获得了消费者、公众、当地社区和其他利益相关者的高度评价，改善了利益相关者的关系，提高了企业声誉。而企业声誉的提高进一步推动消费者的品牌偏好和品牌忠诚的形成，使得企业获得了更高的产品溢价（Christmann，2000）②。更多的研究发现，企业实施积极的环境战略能给企业带来成本优势，如 Hart（1995）认为积极的环境战略能从以下四方面给企业带来成本优势：一是节省污染末端控制的设备安装和运转成本；二是提高生产效率，通过生产效率的提高，降低单位产品的原材料成本和废物排放成本；三是调整生产方式，简化或剔除非必要步骤，降低循环时间；四是寻找污染排放低于法定要求的可能途径，降低企业的环境规制遵守成本和违规的风险成本。通过污染防治战略管理，企业能够降低成本，获得低成本优势。Klassen 和 McLaughlin（1996）③的研究结果表明，环境管理主要通过以下三方面来促进企业获得低成本优势：一是环境管理能够促使企业建立行业技术标准与行业管理规范，从而有助于企业确立行业定位优势；二是环境管理能够降低环境事故的发生概率，从而避免相应的损坏、赔偿，降低惩罚成本和

①比如：在 2011 年，海尔积极参与了"绿色家电元年"的开启，与美国陶氏、欧洲 BEST 和新西兰 FPA 三大公司展开合作，共同致力于在全球范围内研发制造清洁绿色家电产品，海尔凭借这一活动，实现了自身绿色竞争力的大幅提升，树立了自身行业绿色生产与发展的领先地位。

②Christmann P. Effects of "best practices" of environmental management on cost advantage: the role of complementary assets[J]. Academy of Management Journal, 2000, 43(4): 663-680.

③Klassen R D, McLaughlin C P. The impact of environmental management on firm performance[J]. Management Science, 1996, 42(8): 1199-1214.

管理者的精力成本；三是环境管理能够减少原材料使用，提高能源和其他资源的使用效率，从而形成较高的生产效率。此外，企业在环境上的积极管理有助于企业成功开发环保产品或获得各种环保认证，通过产品的差异化实现较高的产品定价和较高的毛利率，或者获得较高的市场份额（杨德锋，杨建华，2009）[1]。研究企业象征性节能行为，揭示其动因和影响因素，能推动约束企业象征性节能行为的法律法规出台，促使企业实施积极的节能行为，为社会提供真实的节能产品与服务。

其次，研究节能服务外包的关系治理机制与信任培育，可以为政府出台相关激励与约束政策提供理论指引，对于推动中国节能服务外包产业的发展具有重要意义。21 世纪以来，我国节能服务产业保持快速增长，已经成为用市场机制推动全国节能减排的重要力量。然而中国的节能服务公司主要是小型私营企业，由于无法嵌入地方商业、社会及政治关系网络，它们在信任构建上表现不佳。用能企业在接受节能服务过程中，也存在不够诚信等问题。节能服务公司与用能企业的关系质量普遍有待提升。在建设美丽中国、发展低碳经济的大背景下，研究节能服务外包的关系治理机制，揭示当前我国节能服务外包的关系质量不高，不公平、不信任等负面情感蔓延的原因，提出改进关系治理的对策建议，不仅有利于降低节能服务的运行成本和交易成本，提高节能服务外包绩效，推动节能服务外包产业的发展，而且能为其他服务外包业的绩效提升带来启示。

最后，研究节能服务外包的关系治理机制与节能技术创新机制，从宏观经济与社会发展层面看，不仅有利于中国转变经济增长方式，而且能推动实现经济社会的可持续发展，促进我国早日实现"美丽中国"的宏伟目标。

当前，可持续发展已经成为世界各国在发展问题上的一致选择。企业作为当今社会经济生活中最为重要的单位，绝大多数社会资源的配置工作是由企业完成的。没有企业环境责任的承担，可持续发展只会成为停留在理论层面的空中楼阁。我国对世界承诺，到 2030 年，单位国内生产总值二氧化碳排放比 2005 年下降 60%~65%、非化石能源占一次能源消费比重达到 20%左右、二氧化碳排放 2030 年左右达到峰值并争取早日实现。这要求通过能源技术创新，加快构建绿色、低碳的能源技术体系。当前，我国正在建设"蓝天常在、青山常在、绿水常在"的美丽中国，这要求通过能源技术创新，大幅减少能源生产过程污染排放，提供更清洁的能源产品，加强能源伴生资源综合利用，构建清洁、循环的能源技术体系。因此，在可持续发展的社会大环境下，企业必须做到将绿色发展理念切实贯彻到经营管理的每一个环节，积极实行节能等环境行

---

① 杨德锋，杨建华.企业环境战略研究前沿探析[J].外国经济与管理,2009(9):29-38.

为，开展以节能技术为代表的环境技术创新，使得企业的经营管理行为与环境保护并行不悖，合理利用资源，有效保护环境，实现企业经济效益和环境效益的和谐统一，从而在微观层面推动中国经济社会的可持续发展，形成节能低碳产业体系。

第二节　基本概念界定

一、环境行为

现阶段，企业环境的准确定义在学术界尚未达成一致，现有研究文献中主要存在"企业环境行为""企业绿色行为""企业亲环境行为"诸多概念（王宇露，江华，2012），此类概念虽在称谓上有所差异，实则内涵相近，都关注企业参与环保活动，通过积极主动的行动应对环境恶化这一课题，基于以上理由，本研究将此类相近概念统一纳入企业环境行为概念。

王京芳、周浩、曾又其（2008）[①]将环境行为定义为"企业面对来自政府、公众、消费者等处对环境保护的压力，基于自身条件及发展战略所采取的对环境产生影响的措施和手段的总称"。企业环境行为是"企业在面对来自政府、公众、市场的环境压力而采取的宏观战略和制度变革、内部生产调整等措施和手段的总称"（张劲松，2008），是指企业对其生产经营过程中对环境产生不利影响的因素进行限制和制控的过程，以及企业对各种环境政策所持的态度。

本书认为，环境态度与环境行为之间是相互依附的关系，只讨论环境态度或环境行为，没有理论和实践意义。从实际活动的角度来看，环境行为是一种客观、中性的行为，没有好坏程度之分，要准确地刻画环境行为，必须考虑到环境行为主体、客体的环境行为动机，以及环境行为传播过程中的外界感知差异。企业的任何一种环境行为都有其利益的出发点，比如企业 A 和 B 都在原材料方面表现出了绿色采购行为，其中 A 企业是出于制度或产业市场的压力进行的绿色采购，如果没有这些压力，A 企业更倾向于低成本、对环境有污染的其他可替代原材料；而 B 企业从其成立之初，一直秉承为社会负责的价值观，坚持任何工艺阶段尽可能对环境负责。如此看来，A 企业的环境态度没有 B 企业的环境态度积极。

单纯考量企业的环境行为，从外界利益相关者的角度，能够接收到的信息是行为的实施和落实，由于环境行为是中性的，外界利益相关者不能对企业行

---

①王京芳,周浩,曾又其.企业环境管理整合性架构研究[J].科技进步与对策,2008,25(12):147-150.

为进行优劣或好坏的评价；而单纯考量企业的环境态度，则缺少行为作为载体，企业无法向外传播其具体行为的相关信息，外界利益相关者同样不能做出自己的评价。因此，本书采用的是企业基于环境态度的环境行为，根据企业从强制性响应到积极响应，企业的环境态度可以分为防御型环境态度、预防型环境态度、积极型环境态度（Liu，2009）。而企业环境行为的具体表现为：采购、生产、营销、技术创新、管理和制度创新等方面的"绿色化"行为。其中，比如绿色采购的环境行为可以是基于防御型的环境态度，也可以是基于预防型或积极型的环境态度，其他方面的环境行为亦是如此。

二、节能行为与节能服务外包

节能是指采取技术上可行、经济上合理以及环境和社会可接受的一切措施，来更有效地利用能源资源（世界能源委员会，1970）。节能有两条途径：一是提高能效，在整个生产过程中提高效益，减少能源的使用；二是通过产业结构的调整减少能源消耗，而且产业结构调整同时也是加快转变经济发展方式的要求和途径。节能可分为国家、产业、企业等多个层面。在企业层面，节能行为（也称为节能管理、节能减排行为）就是通过在企业生产经营过程中，提高能源使用效率，降低能耗的方法与过程。其方式可以分为直接节能和间接节能两类。直接节能就是利用先进的生产工具、技术、工艺等技术手段实现能源实物节约；间接节能是调节经济结构实现结构节能。

节能服务外包是一种新兴的服务外包，是指由专业的第三方机构（能源管理机构）帮助用能企业解决节能运营改造的技术和执行问题的一种服务外包。在节能服务外包中，节能服务商（作为接包方）利用专业的技术、设备、知识为用能企业（作为发包方）提供节能服务，降低其能源成本，并承担风险，共享节能收益。用能企业或机构接受节能服务的目的在于减少能源消耗、提高能源使用效率、降低污染排放等问题。当前，第三方节能服务机构一般采用合同能源管理的方式提供相关服务。

三、制度分离与象征性节能行为

"分离"或"脱耦"、"退耦"一词译自英文文献中的"Decoupled""Decoupling"。Meyer 和 Rowan（1977）在"制度化的组织"一文中指出，制度分离是指为增强组织合法性①而割裂组织结构与保证组织技术效率的生产实践

①组织合法性是组织制度主义的一个核心概念，它是指在一个由社会建构的规范、价值、信仰或定义的体制中，一个组织的行为被认为是可取的、恰当的、合适的一般性的感知和假定（Suchman，1995）。

两者间的逻辑关系。Boxenhaum 和 Jonsson（2008）也提出了类似的观点，认为制度分离是指组织仅仅在表面上接受制度约束，而在实际采纳新组织结构时，并不采取相应的实质性措施。可见，制度理论对制度分离的经典界定认为，制度分离是一种行为，该种行为在表面上保证组织的结构与制度的要求（为了获得合法性）相一致，但实际上则是根据技术效率来设计的。

企业的环境承诺和环境政策实施是两回事（Winn 和 Angell，2000）[①]，现有的环境规制失灵为企业的"飘绿"等象征性环境行为留下了空间（肖芬蓉，黄晓云，2016）[②]。象征性环境行为是指企业为了获得组织合法性，承诺参与生态环境治理、采取行动解决或防范生态环境恶化问题，假装服从环境规制，但并没有真正将承诺付诸实际的行为。象征性节能行为是象征性环境行为的一种，它是企业为了获得组织合法性，承诺开展节能管理、提供节能产品或服务，以提高能效，减少碳排放，假装服从节能环保规制，但并没有真正将承诺付诸实际的行为。

四、环境技术创新与节能技术创新

欧盟委员会认为，环境技术创新（或绿色技术创新）是遵循生态原理和生态经济规律，节约资源和能源，避免、消除或减轻生态环境污染和破坏，生态负效应最小的"无公害化"或"少公害化"的技术、工艺和产品的总称。

节能技术创新是遵循能源消耗原理和经济规律，开发节约能源、减少二氧化碳排放的技术、工艺和产品的行为。节能技术创新是中国企业基于已有资源基础、在高不确定环境下的一种战略选择，也是提高用能设备设施的能效、推动节能降耗减排，形成节能低碳产业体系的关键。

第三节 研究问题、思路与方法

一、研究问题与思路

在绿色经济成为全球经济发展趋势的时代背景下，企业面临着强大的环境规制压力。面对政府、消费者、合作者、社会公众等利益相关者带来的各种环境合法性压力，企业如何建立和维护与利益相关者的良好关系，适时适度开展

---

①Winn M I, Angell L C. Towards a process model of corporate greening[J]. Organization Studies, 2000, 21(6): 1119-1147.

②肖芬蓉, 黄晓云. 企业"漂绿"行为差异与环境规制的改进[J]. 软科学, 2016, 30(8): 61-69.

节能行为，创新节能技术，提升经济绩效和环境绩效已经成为中国企业迫切需要思考的一个现实问题。

基于以上现实思考，本书主要研究以下问题：第一，什么是企业的象征性节能行为，其影响因素有哪些？第二，节能服务外包的关系治理机制是怎样的，其又如何影响外包的绩效？第三，中国企业是否需要进行节能技术创新，以及如何进行节能技术创新？这三方面问题之间是逻辑递进关系，本书在对企业环境行为的相关研究进行全面回顾的基础上，以节能行为为例，首先揭示了节能实践中，普遍存在的象征性节能行为，揭示象征性节能行为的影响因素。然后进一步分析节能服务外包中，节能服务公司与用能企业之间存在的多元关系，揭示多元关系的治理机制，研究关系治理机制对外包绩效的影响，并进行调查研究和实证分析。紧接着，针对中国企业普遍关注的节能技术创新问题，研究中国企业是否需要进行节能技术创新，节能技术创新的组织模式以及共性节能技术的供给模式。

二、研究方法

第一，文献研究。本书对企业的环境行为、象征性节能行为、节能服务外包和节能技术创新等领域的文献进行了较为系统和详细的搜集、整理与研读，借鉴前人研究的结论、研究方法和研究成果，总结其研究的局限性或不足，在此基础上，提出本研究的研究思路，分别对企业象征性节能行为的影响因素、企业节能服务外包的关系治理机制及其对外包绩效的影响、节能服务外包的信任关系培育、企业节能技术创新的影响因素进行研究。

第二，经验研究。本书主要使用的经验研究方法包括：企业访谈研究和调查问卷研究，实施过程如表1-1所示。

表1-1 经验研究方法及过程

	访谈	调查研究	
		小样本测试	大样本调查
时间	2016年7月	2016年8—9月	2016年10—11月
操作目的	对现有量表根据具体情境进行修改；根据访谈和调研情况，对题项进行增删	修正量表题项，提高量表的信度和效度	收集用于本研究实证部分所需要的数据
分析方法	描述性统计	信度分析、探索性因子分析	验证性因子分析、回归分析

访谈研究主要采用非结构化的开放式问题探讨，主要面向相关领域的学者、企业的高管通过直接交流的方式，向他们进行口头提问，当场记录回答。

在文献研究的基础上，根据访谈内容，对现有量表进行适当修改，对本书新开发的关于心理契约治理和外包管理能力等量表形成一定的认知。

调查研究包括两个阶段：小样本测试和大样本调查。在小样本测试阶段，根据信度和效度分析，修订初始问卷。然后进行大样本调查。在实证分析阶段，主要用到信度分析、探索性因子分析、层次回归分析等。主要运用统计软件 SPSS 21.0 进行了描述性统计分析、信度和效度分析、因子分析、层次回归分析，并检验了节能服务外包关系的三种治理方式对外包绩效的直接作用，以及三种治理方式对外包绩效影响中的中介作用等理论模型。

第四节　研究内容与结构安排

本书共 7 章，各章的研究内容和结构安排如下。

第一章是导论。主要提出了本书的选题背景与研究意义，界定了研究中使用的环境行为、象征性节能行为、节能服务、节能技术创新等基本概念，并对本书的研究问题、研究思路、研究方法、研究内容及论文的结构安排做了相关介绍。

第二章是企业环境行为的理论演进与分析框架。在搭建企业环境行为研究框架的基础上，本章首先梳理了企业环境行为的构成维度。其次，本章从静态、单一理论视角和动态、多种理论综合视角两个方面对企业环境行为的影响因素研究进行了梳理。然后，本章对企业环境行为影响效应的相关研究进行了分析。最后，本章评价了企业环境行为研究的演进脉络，指出了未来的研究方向。

第三章是企业象征性节能行为及其影响因素研究。本章首先从企业面临的节能规制压力、企业开展节能管理的战略驱动因素两个方面揭示了企业开展节能管理的战略需求。然后在描述家电、汽车、照明、节能服务等行业的象征性节能现象的基础上，给出了企业象征性节能行为的定义，对企业象征性节能行为进行了分类，并揭示了企业采取象征性节能行为的动因。然后，指明了企业象征性节能行为的影响因素，揭示了其对企业开展象征性节能行为的影响机理。

第四章是企业节能服务外包关系及其治理方式研究。首先，本章在揭示节能服务外包性质的基础上，分析了中国节能服务外包的发展现状。然后，对节能服务外包关系的研究进行了综述。紧接着，本章分析了节能服务外包关系治理的困境，揭示了节能服务外包的多元治理方式构成。最后，研究了节能服务外包三种治理方式的形成时间和形成机理。

　　第五章是企业节能服务外包关系的治理机制与外包绩效研究。首先，本章分析了节能服务外包关系治理机制对外包绩效的影响，具体包括：节能服务外包关系的三种治理方式对外包绩效的直接作用；三种治理方式对外包绩效影响中的中介作用；三种治理方式的互动对外包绩效的影响机理；外包双方的外包管理能力在三种治理方式与外包绩效关系间的调节作用。然后，本章对实证研究进行了设计，描述性统计、信度和效度分析。在此基础上，检验了本章提出的理论假设。

　　第六章是节能服务中的客户参与和信任培育机制研究。本章首先揭示了节能服务的社会交换性质，指出了节能服务中的客户信任类型，分析了节能服务中客户信任治理的交易成本水平演化机理。然后，分析了节能服务中的客户信任演化与信任形成影响因素。接着构建了基于客户参与的客户信任培养机制模型，并提出了理论假设。最后收集数据进行了假设检验。

　　第七章是中国企业节能技术创新的影响因素与模式研究。首先，本章给出了环境技术创新和节能技术创新的概念与分类，揭示了中国企业节能技术创新的决定因素。然后，研究了中国企业节能技术创新的组织模式，重点分析了企业节能技术创新的学习社区模式。最后研究了推动中国企业节能共性技术创新的供给模式，重点分析了节能共性技术供给的平台模式。

第 二 章

企业环境行为的理论演进与分析框架

在 21 世纪，应对气候变化、保护生态环境已经成为世界各国共同努力的目标，因此，响应环保号召、实施环境行为已经成为企业必须考虑的战略问题。不同于传统的质量管理、成本控制、顾客关系管理等问题，企业环境行为[①]（corporate environmental behavior）涉及更多的利益相关者，其影响因素与作用机理更为复杂，具有更加重要的战略意义。在 20 世纪 70 年代，企业环境行为就进入了学者的研究视野，在 21 世纪相关研究得到蓬勃发展，受到经济学、行为科学、管理学等领域学者的广泛关注。基于此，本章梳理了西方学者在企业环境行为方面的研究成果，依据研究内容把相关研究划分为三大部分，即企业环境行为的构成维度研究、企业环境行为的影响因素研究以及企业环境行为的影响效应研究。下面，本章从这三大部分对企业环境行为的研究成果进行梳理，试图找到相关研究脉络与理论演进逻辑，以期为企业环境行为的深化研究提供启示。

第一节 企业环境行为的构成维度研究

目前，学术界对企业环境行为仍没有一个统一而明确的定义，现有文献中相继出现了"企业环境行为""企业亲环境行为"（corporate pro-environmental behavior）、"企业绿色行为"（corporate green behavior）等概念（如表 2-1 所示）。虽然这些概念在称谓上有所不同，但内涵基本一致，都强调企业主动参

①准确地说，企业环境行为应该被称为企业的生态环境行为。企业的生存和发展依赖于为其提供资源、市场的"环境"，在组织生态学中，这一环境被称为"生境"（habitat），其属于空间和地理范畴的概念；新制度主义理论中把这一环境称为"场域"（field），属于社会和制度范畴的概念。企业生存和发展依赖的这一"环境"与"生态环境"是两个不同的概念：前者的范围更广，也更为抽象；后者只是企业生存和发展所依赖的自然环境。

与生态环境治理、采取行动解决或防范生态环境恶化问题。本书把这些概念统称为企业环境行为。

表 2-1　　　　　　　　　　　企业环境行为的相关定义

概念	学者(年份)	定义
企业环境行为	美国国家环保局(EPA)	指规制机构或非规制机构采取的用来提高环境绩效或遵守环境法律法规的行为
	Sarkar(2008)	涉及企业管理商业运营与环境关系的一系列战略,其或者是对外在压力的响应,或者是旨在减轻环境危害的主动性举措
企业亲环境行为	Steg 和 Vlek(2009)	指减轻环境危害,甚至有益环境的行为
企业绿色行为	Chen 和 Yi(2010)	企业为响应环境问题而采取的各种措施,具体包括主动处理废弃物、采购生态友好型产品、降低能源消耗、减少废物排放、使用清洁生产方法、使用可再生包装或容器等

　　综观相关研究,学者们主要从组织与环境的关系角度来划分企业环境行为的构成维度,根据组织是被动适应环境还是主动与环境互动,将企业环境行为视为被动行为-积极行为的一个连续统一体。在这个连续统一体的一端,企业对环境规制以及来自利益相关者的压力做出被动反应,进行防御性的游说以及用于污染末端治理(end-of-pipe control)的投资(Aragón-Correa 和 Sharma,2003);而在连续统一体的另一端,企业通过积极预测环境规制和社会发展趋势,设计出符合环境规制和社会发展趋势的生产流程或产品,或者修正现有的经营活动、生产流程或产品以防范负面的环境冲击(Russo 和 Fouts,1997;Sharma 和 Vredenburg,1998)。基于连续统一体的相关内容,不少学者提出了企业环境行为构成维度的二分法,即把企业环境行为分为自愿或积极(proactive)环境行为和强制性或响应性(reactive)环境行为。例如,Aragón-Correa 和 Sharma(2003),Moon(2008)将企业环境行为分为积极环境行为和响应性环境行为;Tutore(2010)根据引起企业环境行为的动机差异,将环境行为分为自愿环境行为和强制性环境行为:自愿环境行为源自内生的经济动机、伦理动机,而强制性环境行为源自外在的规制和利益相关者压力。也有学者对企业环境行为这个连续统一体进行了更加详细的划分,提出了企业环境行为构成维度的三分法。例如,Liu(2009)对中国扬子江附近的企业问卷调查后,通过因子分析方法得出,企业环境行为可分为防御行为(defensive behavior)、预防

行为(preventive behavior)、积极行为(enthusiastic behavior)三种[①]。与企业环境行为的二分法相比，Liu(2009)三分法中的积极行为类似于二分法中的自愿或积极环境行为，防御行为类似于强制性或响应性环境行为，而预防行为则是介于自愿环境行为和强制性环境行为之间的环境行为。

上述对企业环境行为构成维度的研究仅仅是对企业参与环境治理的一种涉入意愿与程度的表述，近似于把企业环境行为作为一个"黑箱"来处理，很难为政府制定相应的环境政策提供有效的建议。实际上，不同类型的企业，在不同的环境问题上，会面临不同的制度压力，从而采取不同的环境行为。Holder-Webb 等(2009)采用 50 家美国企业的数据研究发现，不同行业、不同规模的企业发布环境行为信息的频率及强调的重点存在不同，而这些信息会给企业带来不同的外部环境压力，导致企业采取不同的环境行为。由此，本书提出综合企业环境行为的具体表现、具体的环境问题以及企业参与环境治理的涉入意愿与程度三个维度来划分企业环境行为，构建企业环境行为的分类体系（如图 2-1 所示）。其中，在企业环境行为分类体系的 X 轴，根据企业环境行为的具体表现，企业环境行为可分为绿色采购、绿色生产、绿色营销、环境技术创新、环境管理创新、环境制度创新等；在企业环境行为分类体系的 Y 轴，根据企业涉入环境治理的意愿与程度，将企业环境行为分为防御行为、预防行为、积极行为等；在企业环境行为分类体系的 Z 轴，根据企业应对的环境问题

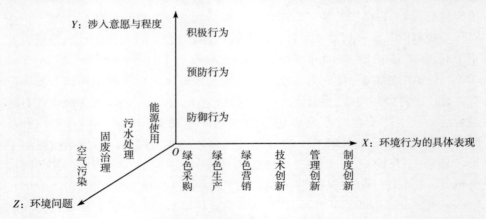

图 2-1　企业环境行为的分类体系

①Liu(2009)提出的典型防御行为包括忽视供应商的环保要求、采购环境敏感型产品、没有清洁生产审计、没有专门的环保部门以及过多地使用自然资源等；典型预防行为包括采购环境友好型原材料、获得 ISO 14000 认证、建立环境管理系统、减少污染物排放、满足供应商的环保要求、循环使用副产品等；典型积极行为包括优先购买环境友好型原材料、对员工进行环境知识或技能培训、环保捐赠、与供应商进行环境合作、进行资源节能技术创新等。

体废弃物处理的行为、应对空气污染的行为等。综合这三个方面来研究企业环境行为，将有助于更准确地分析企业环境行为的动机和影响因素，进而为政府制定有针对性和有效的环境政策提供启示。

第二节　企业环境行为的影响因素研究

企业环境行为的影响因素研究可分为两大阶段：一是 20 世纪 70 年代到 21 世纪初的静态、单一理论视角研究；二是进入 21 世纪后的动态、多种理论综合视角研究。

一、静态、单一理论视角

20 世纪 70 年代到 21 世纪初，西方学者主要基于"刺激–响应"模式来研究企业环境行为的影响因素，认为企业是受到外部制度环境的压力才被迫采取环境行为的。基于此，本研究利用"刺激–响应"模式，通过图 2-2 来表示企业环境行为影响因素研究中各种理论视角关注的焦点问题以及各种理论间的逻辑关系。

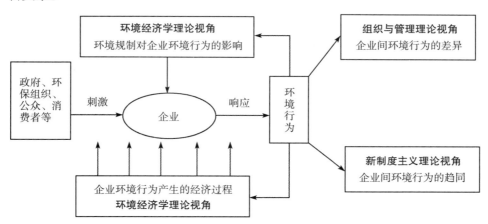

图 2-2　基于不同理论视角的企业环境行为影响因素研究

如图 2-2 所示，环境经济学理论视角的企业环境行为影响因素研究关注企业环境行为产生的经济过程，考察经济因素对企业环境行为的影响以及企业在各种环境政策下的环境行为响应。环境经济学者试图通过研究企业环境行为发现企业采取环境行为的动机以及企业对环境政策的响应，以期为环境政策优化提供启示。新制度主义理论视角的企业环境行为影响因素研究则主要探讨制度环境对企业间环境行为同形的影响机理，而组织与管理理论视角的企业环境行为影响因素研究则侧重于分析企业间环境行为相异的原因。下面，逐一述评这三个理论视角的相关研究。

（1）基于环境经济学理论视角的企业环境行为影响因素研究

该理论视角下的相关研究一方面关注企业环境行为产生的经济过程，把企业假设为理性的"经济人"，认为企业环境行为是企业在比较了财务成本和收益以后进行理性选择的结果，另一方面则关注环境规制政策等因素对企业环境行为的影响。

综观环境经济学理论视角的企业环境行为影响因素研究，环境经济学者主要运用威慑理论（deterrence theory）来研究企业环境行为产生的经济过程。威慑理论认为，企业采取环境行为的具体机制是：企业获取相关的威慑知识（如获取政府认可，纠正、整治企业环境行为或因企业违反环境法律法规而对企业处以罚款等环境案例的相关知识、获取典型环境案例的相关知识），由此感知到相应的风险（如不遵守环境法律被发现的风险、不遵守环境法律遭到惩罚的风险以及由此导致企业关闭的风险），从而采取环境行为。在运用威慑理论研究企业环境行为的早期文献中，部分学者关注企业自身曾遭遇过的威慑经历（如接受政府的环境检查、违反相关法律法规被处以警告或罚款，称之为特殊威慑）对企业环境行为的影响。例如，Gray 和 Scholz（1991）、Gray 和 Shadbegian（2005）以及 Mendeloff 和 Gray（2005）等的研究表明，企业害怕遭遇以前遭受过的检查、警告或罚款经历，是其采取环境行为的主要驱动力。另外，也有部分学者把目光聚焦于其他企业遭遇过的威慑经历（称之为一般威慑）对企业环境行为的影响。例如，Thornton 等（2005）针对美国 8 个产业的 233 家企业的调查研究表明，如果大多数企业都已经遵守环境法律，与政府的环境检查、警告、罚款等相关的威慑知识将成为一种显性的、一般性的威慑知识，并不能增强企业感知到的风险意识，因此，一般威慑对企业环境行为的促进作用不是十分显著。随着威慑理论在企业环境行为研究中的深化，学者们更倾向于认为企业环境行为是特殊威慑和一般威慑共同作用下的结果，因此，他们综合特殊威慑和一般威慑来研究企业环境行为的影响因素及其作用机理。Earnhart（2004）从联邦政府和州政府两个层面出发研究了两种威慑的共同作用对公共污水处理厂环境绩效的影响。他们研究发现，来自联邦政府和州政府的特殊威慑和一般威慑都会显著促进公共污水处理厂的环境绩效（采用实际污水排放量减去排放限额之差与排放限额之比来衡量）提升，但是特殊威慑和一般威慑对公共污水处理厂环境绩效的影响程度存在差异：与联邦政府环境检查的特定威慑相比，联邦政府环境检查的一般威慑更能促进公共污水处理厂的环境绩效提升；但是，州政府环境检查的一般威慑和特殊威慑对公共污水处理厂环境绩效的影响则没有显著差异。进一步，他们研究发现，在促进环境绩效提升方面，联邦政府环境检查的特殊威慑与州政府环境检查的特殊威慑可以相互替代；然而，联邦政府环境检查的一般威慑与州政府环境检查的一般威慑则不存在相互替代或互补的关系。

在运用威慑理论分析企业环境行为产生的经济过程的同时，一些学者考察了环境规制等因素对企业环境行为的影响。Frondel 等（2007）在将企业的环境技术创新行为分为清洁生产技术（如催化转换技术）创新和末端治理技术（如废弃物处理技术、空气质量控制技术等）创新的基础上，研究了环境规制对企业环境技术创新行为的影响。他们基于针对 7 个 OECD 国家（包括日本、法国、德国、挪威、匈牙利、加拿大、美国）4000 家企业持续 3 年的问卷调查数据，通过构建多项 Logit 模型实证研究发现，能源和资源的投入限制和税收政策对企业的清洁生产技术创新具有显著的促进作用，而技术标准、绩效标准和污染税会显著促进企业的末端治理技术创新。除环境规制外，学者们还发现其他因素会影响企业环境行为，包括社区成员的政治参与程度等社区特征（Henriques 和 Sadorsk，1996），企业财务状况（Gottsman 和 Kessl，1998；Denning 和 Shastri，2000）、企业规模（Donald，2004；Denning 和 Shastri，2000）、企业所处的行业（Henriques 和 Sadorsk，1996）、股权结构（Donald，2004）、与规制机构的关系（Kagan 和 Thornton，2006；Donald，2004）、上市与否（Denning 和 Shastri，2000）、被调查者的特征（Donald，2004）等企业特征也会影响企业环境行为。例如，Henriques 和 Sadorsk（1996）通过问卷调查收集了 400 家加拿大大型企业的数据，运用 Logistic 回归分析法研究发现，政府规制是促使企业制定环境计划行为的最重要因素，来自社区、顾客、股东的压力也会对企业的环境计划行为带来正向影响，而其他利益团队的压力和企业的资产周转率会对企业的环境计划带来负向影响。此外，研究发现，企业所属的行业也会影响其环境行为：服务业制定环境计划的概率最小，制造业次之，自然资源行业最高。Denning 和 Shastri（2000）对美国国家环保局提供的 3027 个司法判例进行回归分析发现，企业的现金流、收入、规模和技术对企业违反环境法律行为具有显著影响，非上市公司（non-public firms）比上市公司（public firms）更常违反环境法律，但是，上市公司经常会有重复的违法行为。Donald（2004）对 267 家美国化学企业进行问卷调查和多元分析发现，被调查者对政府规制必要性的认知与企业环境行为存在显著的相关关系。此外，他们的研究也证明了企业规模、股权结构以及与规制机构的关系会显著影响企业环境行为。

总体而言，环境经济学理论视角的企业环境行为影响因素研究基本上秉承了新古典经济学对企业的抽象理解，将企业视为一个"黑箱"，认为企业是在给定资源与技术等约束条件下，将土地、劳动力、资本等各项生产要素转化为各种产出的组织，没有深入探究企业战略、资源、能力等内部因素的差异对企业环境行为的影响，并且把企业环境行为简单地视为一种政府威慑下的被动行为，忽视了企业的主观能动性。此外，这些研究未在统一的理论框架下系统研究政府规制与社区等制度因素对企业环境行为的影响机理。这些不足正是学者们运用新制度主义理论和组织与管理理论研究企业环境行为影响因素的切入点。

（2）基于新制度主义理论视角的企业环境行为影响因素研究

组织社会学中的新制度主义理论（neo-institutional theory）认为，所有的组织都是技术环境（或称任务环境）和制度环境共同塑造的结果[①]。制度环境中的外部规范、价值观、传统等要素由于得到了大多数成员的认可，会给场域内的组织带来同形压力，促使组织采用普遍接受的组织结构和做法，而不管这些结构和做法的效率怎样，以获得组织的合法性（organizational legitimacy）（DiMaggio 和 Powell，1983）。制度环境会影响企业的战略选择和战略实施过程，利益相关者、政治影响、社会因素对企业环境行为有着重要的影响（Raedeke 等，2001；Delmas，2001；Bray 等，2002）。从这一角度来看，企业环境行为可以理解为是一种为了获得组织合法性的社会建构过程。

学者们对不同的制度压力[②]对企业环境行为的影响进行了研究。Brooks 和 Sethi（1997）以及 Arora 和 Cason（1999）研究发现，在那些拥有较高投票率以及较多关注环境的利益相关者群体的社区，企业的有毒气体排放量（toxics release）会大大地降低。Huq 和 Wheeler（1999）对孟加拉国 7 家大型国有肥料企业进行了调查，研究发现，政府规制对企业环境行为的影响非常小，但是其中 3 家企业由于受到较大的社区压力而采取了积极的环境行为。Rivera（2004）以拉丁美洲的哥斯达黎加旅馆业为例研究发现，政府环境监管以及贸易协会的会员身份会产生同形的制度压力，从而促使企业自愿参与环境项目。

后期的新制度主义研究开始关注各种制度压力对企业环境行为影响力的差异。Graham 和 Woods（2006）从跨国公司自我规制的角度比较了产业市场压力对企业环境行为的影响，研究发现市场压力能够较好地解释企业采取积极环境行为的动机。Liu（2009）基于对江苏省扬子江沿岸的 321 家企业的问卷调查数据研究了不同的制度压力对企业环境行为的影响，然后通过路径分析研究发

[①]1983 年，Meyer 和 Scott 清晰地界定了组织环境中的技术环境和制度环境：技术环境指组织生产用于市场交换的产品或服务所处的工具性、职能性或任务性环境，而制度环境则是组织为了获取合法性和外界支持而必须遵守的规则。

[②]制度环境对企业构成的制度压力主要包括来自满足政府环境规制的规制压力，满足公众、社区环保要求的社会压力，满足上下游企业、客户及绿色环境认证、贸易协定等产业市场压力，满足投资者、银行和保险公司等对企业资信认知的资本市场压力。

现，政府规制压力是影响企业防御环境行为的关键因素，市场压力是影响企业预防环境行为的关键因素，而社区压力是影响企业积极环境行为的关键因素。

综观新制度主义理论视角的企业环境行为影响因素研究，学者们运用组织合法性、利益相关者等新制度主义理论，将制度分析和新古典经济学的研究范式相结合，分析了企业环境行为的动机，企业间环境行为的趋同以及政府、市场、社区、公众等各种制度压力对企业环境行为的影响机理，并比较了企业面对各种制度压力的敏感性。遗憾的是，与环境经济学理论视角一样，新制度主义理论视角的相关研究仍然没有打开企业的"黑箱"，难以解释企业间环境行为相异的原因，加之未有效运用中观理论，如社会网络理论，尚未能深入揭示宏观制度环境对企业微观环境行为的影响机理。

（3）基于组织与管理理论视角的企业环境行为影响因素研究。

新制度主义理论认为，在相同或相似的制度环境压力下，企业应表现出相似的环境行为。然而，组织与管理学者却对此提出了质疑：在同一个行业内，有些企业会因积极的环境管理行为而受到政府褒奖，而另一些企业则因为没有遵守环境法规而被罚款；即使在同一企业集团内，不同的工厂之间也会存在不同的环境行为，甚至在同一工厂内，某些环境问题处理得很好，但在另一些环境问题上却表现得很糟糕（Prakash，2000；Howard-Grenville，2000）。为了解释这些现象，学者们开始将研究视角转向企业内部，关注企业间差异对企业环境行为的影响，主要从企业规模（Hayami，1984；Welch 和 Mori，2002）、企业所处的行业（Henriques，1996；Ozen 和 Kusku，2009）、财务状况（Earnhart 和 Lubomir，2002）、管理者的感知和理解（Andersson 和 Bateman，2000）、组织文化（Forbes 和 Jermier，2002）等方面来考察企业环境行为影响因素。

组织与管理理论视角的企业环境行为影响因素研究主要通过三条主线展开（如图 2-3 所示）。一是基于资源理论与能力理论来考察企业环境行为的影响因素。Camero 等（2008）基于资源基础观研究发现，企业的互补性资源和能力通过影响管理者的商业伦理态度（如影响管理者将自然资源视为竞争机会的感知），进而影响企业的环境战略与相关行为。二是基于态度-行为理论来考察企业环境行为的影响因素。Gunningham 等（2003）研究了管理者的环境管理风格对企业环境行为的影响，通过实证研究发现，管理者的环境管理风格确实比企业规模、收益和政府规制更能有效地解释企业环境行为。Agnes（2008）采用匈牙利 466 家制造企业的数据研究发现，环境知识只是企业采取环境行为的必要条件，企业的环境态度和意愿对其环境行为有着更加显著的影响。三是基于产业与战略环境理论研究企业所处的产业与战略环境差异对企业环境行为的影响。Lin 和 Ho（2010）以台湾中小企业为样本，研究发现感知的环境不确定性会对企业采取环境行为带来负面的影响。

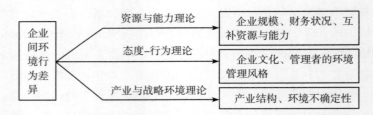

图 2-3　组织与管理理论视角的企业环境行为影响因素研究主线

综观组织与管理理论视角的企业环境行为影响因素研究，学者们提出了企业环境行为的多样性、复杂性以及企业间环境行为的差异性，并运用资源与能力理论、态度-行为理论、产业与战略环境等理论，较好地解释了资源、能力、管理者、战略环境对企业环境行为的作用机理，弥补了环境经济学和新制度主义理论视角研究企业环境行为影响因素的不足。然而，该视角的相关研究仅仅关注企业内部因素，忽视了企业对环境的依赖与反作用，因此，其仍然遵循了一种封闭的、非系统和静态的研究思路。

应该说，上述不同理论视角的企业环境行为影响因素研究不仅在一些研究结果方面互相印证①，也使得我们能更加全面地了解企业环境行为的影响因素及其作用机理。然而，企业环境行为是一个动态演化的过程，这是由企业对环保认知的演化性、企业资源与能力的动态变化性以及企业战略环境的动态性决定的。很多研究不仅忽视了企业环境行为的动态性，对企业环境行为多样性的关注也不够，而且受制于研究视角的单一性，难以有效解释企业环境行为的决定机制。

二、动态、多种理论综合视角

梳理文献，近期对企业环境行为影响因素的研究呈现动态、多种理论综合的态势。学者们开始关注企业在不同时期的环境行为变化，并综合制度因素、经济因素、组织因素等来研究企业环境行为的演化机理。

Lee 和 Rhee（2006）从制度理论和资源基础观的视角，分别研究制度变化和资源变化情境下企业环境战略（即企业选择亲环境行为和业务的广度与深度）的演化。他们根据亲环境行为和业务的广度与深度把企业环境战略分为四类：反应型、集中型、机会主义型和积极型，然后对韩国 85 家造纸企业 2001—2004 年进行连续的问卷调查后发现，韩国造纸企业的环境战略经历了一个非线性的演化路径，社会的环境关注、经济危机等宏观层面的制度变化会推动企

---

①这些研究都发现，企业规模、企业所处的行业、政府规制等因素是影响企业环境行为的重要变量。

业采取更为积极的环境行为，但高层管理者的态度和企业的冗余资源等企业层面的因素会影响企业的环境战略选择，因此，企业会表现出不同的环境行为。Moon（2008）对企业参与绿色照明项目行为的研究结果表明，经济因素和制度因素都会影响企业的环境行为，并且两大因素影响企业环境行为的时机存在差异：前期资本投资强度小的企业因为能更容易调整战略，所以更有可能在早期就参与绿色照明项目，随着绿色照明项目的逐步推广，前期没有参与的企业可能会面临参与的压力，这种同形压力会影响行为结果和将来环境状况的不确定性，对于在规制和环境安全压力下经营的企业而言，这种制度压力会更大一些。Jabbour（2010）以巴西企业为样本进行探索性因子分析，研究发现，巴西企业的环境行为演化路径是非线性的，企业环境行为的发展经历了两个阶段，即生态效率的协同阶段和环境合法阶段，并且由于这两个阶段有着不同的目标，它们能同时共存于一个企业内。遗憾的是，Jabbour（2010）并未深入研究企业环境行为演化各阶段的影响因素差异。而 Gin 和 Suho（2011）运用新制度主义理论，研究了美国企业在参与美国国家环保局的建筑能源之星（ESBs）项目中，州政府层面的制度压力和组织特征对其参与行为的影响。结果表明，与企业的组织特征相比，州政府层面的制度压力对企业参与 ESBs 项目的影响要小一些。这意味着，企业决定是否参与 ESBs 项目更可能受到投资回报等经济因素的驱动。

综观动态、多种理论综合视角的企业环境行为影响因素研究，学者们开始综合组织因素、制度因素和经济因素来解释企业环境行为，并比较各类因素对企业环境行为影响的差异性，尝试研究企业不同时期的环境行为变化，使得我们能够更全面地把握企业环境行为的决定机制。然而，现有研究虽然提出了企业环境行为的演化阶段，但并未系统揭示影响企业环境行为演化的各类因素、演化路径和演化机理。此外，现有研究未分析不同类型的企业环境行为演化差异，也没有比较研究发达国家和发展中国家的企业可能存在的环境行为演化差异。未来可从这些方面来深化动态、多种理论综合视角的企业环境行为影响因素研究。

第三节　企业环境行为的影响效应研究

企业环境行为的影响效应研究从企业自身角度出发，强调企业怎样改造生存环境以获得高绩效。遗憾的是，目前对企业环境行为影响效应的研究并不多见。综观现有研究，学者们主要从层次和内容两个方面来探讨企业环境行为的影响效应。

从企业环境行为影响效应的层次来看，相关研究可划分为三个层面：一是组织间层面的影响效应研究，如研究企业环境行为对金融市场的影响。例如，Khanna（1998）采用 91 家美国化学企业为例考察了企业环境信息披露与股票市场投资者反应的互动关系，运用事件分析法进行实证研究，得出了以下的结论：企业污染强度高或者环境绩效差会给投资者传递一种生产效率不高的信息，投资者也会权衡由于污染处罚和污染责任赔偿而带来的潜在损失，因此，环境污染信息披露会给企业股价带来冲击，相反，企业的积极环境行为会给企业带来正面的股票市场回报。二是组织层面的影响效应研究，主要运用竞争优势等理论来分析企业环境行为对竞争优势构建和品牌资产培育的影响。例如，Hart（1995）通过构建企业自然资源基础观（natural-resource-based view）理论框架分析了自然资源基础观与企业可持续竞争优势之间的关系，并提出了获得可持续竞争优势的三种战略：污染防治、产品管理和可持续发展，认为企业可以通过预防污染来降低成本，或是通过加强产品研发与生产中的环境管理来取得行业领先地位，在未来环保趋势中占得先机。三是组织内部层面的影响效应研究，如研究企业环境行为对员工价值理念、员工行为等因素的影响。Perez 等（2009）运用社会系统沟通理论（Luhmann，1995 和 2000）和社会技术概念（Nelson 和 Sampat，2001；Nelson，1991），将企业视为一个复杂的社会系统，建立了企业复调模型（polyphonic model），然后在此模型基础上研究了ISO14001 环境管理系统对企业环境承诺的影响。他们设计了环境承诺指数、ISO14001 整合指数、组织的环境动机指数、组织公民行为指数等变量，运用深度访谈和结构化问卷方法收集 24 家以色列企业的数据，进行回归分析后发现：与没有参与 ISO14001 的企业相比，参与 ISO14001 的企业员工会感知到企业做出了更多的环境承诺，因此，员工也会表现出更多的环境承诺和组织公民行为。

从企业环境行为效应的内容来看，早期的学者倾向于笼统地研究企业环境行为对企业总体绩效（overall corporate performance）的影响。不少研究（如Montabon 等，2000；Hibiki，2004；Radonjic 和 Tominc，2007；Claver 等，2007）认同企业环境行为会增加企业总体绩效的观点，但是学术界对企业环境行为与企业绩效的关系并未形成一致看法。Rozanova 等（2006）从企业社会责任的视角对俄罗斯和加拿大报业进行比较研究，发现企业环境行为与企业绩效之间并不是一种线性关系。后来，有学者指出，由于许多研究使用的环境绩效和经济绩效测量指标存在问题，还有些研究没有引入足够的控制变量，因此，以前研究得出的"企业环境行为会给企业带来正效应"的结论并不一定可信（Callan 和 Thomas，2009）。如果考虑到学者们对环境绩效和经济绩效的测量指标差异，企业实施环境行为可能并不一定会给其带来多大的正向效应。由此,一些学者开始关注企业环境行为对细分后的企业绩效(主要分为经济绩效和环境绩效)的影响,认为企业实施某些环境行为并不能促进企业经济绩效或环境绩效改善。例如,Freimann 和 Walther(2001)对德国和澳大利亚企业的比较研究表明,企业环境管理系统与环境绩效并不存在显著的正向关系。对此,他们做出的解释是:企业环境管理系统的存在只能增加环境管理程序的透明度,不能给组织带来巨变,从而不能显著提升企业的环境绩效,相反,那些完全没有环境导向或只进行少数环境友好活动的企业,能通过采用新技术,来实现资源投入的最大化和废弃物产出的最小化,因此,那些积极倡导环境保护,勇于进行环境技术创新的企业并没有获得多大回报,反而是那些后期采取环境行为的企业成为最大的赢家。针对前人很少采用定量研究证明企业环境管理系统对企业环境绩效的影响,Hertin 等(2008)对欧洲的发电、造纸、化肥、纺织、印刷、计算机制造等行业的企业进行了大规模调研,运用非参数曼-惠特尼检验、Jaggi/Freedman 排序法以及最小二乘法三种独立统计方法进行实证研究,发现企业环境管理系统对企业环境绩效并没有持续的、显著的正向影响。但是,把企业绩效细分为经济绩效和环境绩效后,还是有一部分学者支持企业环境行为促进企业经济绩效或环境绩效提升的观点。Radonjic 和 Tominc(2007)研究了环境管理系统对企业采用清洁能源技术的作用。他们基于斯洛文尼亚36 家金属和化学制造企业的问卷调查数据,通过 t-检验和卡方检验研究发现,ISO14001 认证能够增强企业采用新的清洁技术的动机,进而提高企业环境绩效。Claver 等(2007)以一家名为 COATO 的农业合作社为例,通过案例研究法分析了环境管理与环境绩效和经济绩效的关系。结果表明,企业环境管理不仅有助于企业环境绩效的改善,而且会促进企业形成新的组织能力,有助于企业提升竞争优势、改善经济绩效。另外值得关注的是,一些学者研究发现,企业环境行为可能会对企业产生不同的经济效应与环境效应,并且这些效应之间存在互动关系。Monva 和 Ortas(2010)基于 230 家欧洲企业的调查数据研究发现,企业环境行为能为企业带来更高的环境绩效,环境绩效的改善也会带来经济绩效的提升,但这种效应存在滞后。而 Harangzo 等(2010)对东欧企业的调查研究表明,很多企业采取的环境管理行为能提升企业形象、增加企业盈利,但并不一定能带来生态环境的改善。

在组织声誉理论框架下,Gilley 等(2000)对 71 家做出环境行为声明的企业进行事件研究发现,企业环境行为对企业绩效没有产生显著的影响。Gilley 等(2000)将上市公司的环境倡议分为两类:用于改善组织流程的倡议(流程驱动的倡议);与完善企业产品相关的倡议(产品驱动的绿化倡议)。最早考察投资者对公司环境管理声明的反应的学者是 Shane 和 Spicer(1983)。他们检验了企业污染控制绩效和遵循成本对价格信息共享的影响。他们的样本来自四个污染行业（造纸、石油、钢铁和电力设施）。Stevens（1984）也考察了这四个行业的 58 家企业，发现污染控制成本高的企业的股东回报要低于污染控制成本低的企业。Khanna（1998）采用 91 家美国化学企业为例考察了企业环境信息披露与股票市场投资者反应的互动关系，运用事件分析法进行实证研究，得出了以下的结论：企业污染强度高或者环境绩效差会给投资者传递一种生产效率不高的信息，投资者也会权衡由于污染处罚和污染责任赔偿而带来的潜在损失，因此，环境污染信息披露会给企业股价带来冲击，相反，企业的积极环境行为会给企业带来正面的股票市场回报。

综观当前对企业环境行为影响效应的研究，可以发现，现有研究大多涉及组织层面和组织内层面的经济绩效和环境绩效，对组织间层面的影响效应以及企业环境行为的制度效应的关注不够。企业环境行为影响效应研究存在诸多分歧，由此揭示了这样一个事实：企业环境行为的影响效应产生机理非常复杂，简单地争论企业环境行为是否能为企业带来正效应没有多大意义。我们更需要去深究哪些企业环境行为在哪些情境下能给哪些企业带来怎样的影响效应。遗憾的是，学术界对各种环境行为影响效应的产生机理缺少研究，未能有效解释同一环境行为为什么会产生不同的制度效应、经济效应和环境效应，无法提出有效措施促使企业采取能同时促进企业价值提升和生态环境改善的环境行为，从而也难以为政府制定相应的环境行为激励与规制政策提供有意义的启示。未来研究还须关注企业环境行为的影响效应的产生机理。

基于以上分析，本研究认为，需要综合环境行为效应的层次和内容两个维度来划分企业环境行为的影响效应：企业环境行为影响效应的层次可分为组织间层面、组织层面和组织内层面三个层次，企业环境行为影响效应的内容可分为制度效应、经济效应和环境效应三种效应。综合这两个维度，可以将企业环境行为的影响效应分为九个方面（如表 2-2 所示）。

表 2-2　　　　　　　　企业环境行为影响效应的研究领域

	制度效应	经济效应	环境效应
组织间层面	组织间网络的核心地位与社会声誉	组织间网络的信息独占与先发优势	组织间网络的生态示范
组织层面	组织合法性、社会资本	竞争优势、品牌资本、财务收益（融资成本、管理成本等）	组织的环境友好形象；生态环境改善
组织内层面	员工公民行为、组织认同	员工生产效率、员工绩效	员工的环境承诺

第四节 未来研究展望

自 20 世纪 70 年代以来，企业环境行为就一直受到环境经济学、新制度主义理论、组织与管理理论等领域学者的关注。学者们已普遍认为，企业环境行为受到各种经济因素、制度因素的影响，企业采取环境行为将有助于其提升价值与构建竞争优势。然而，由于企业环境行为研究尚处于发展阶段，加之不同学科学者的研究视角相异，当前对企业环境行为的研究尚存在一些不足之处，未来研究可从以下三方面加以深化。

第一，现有研究主要从组织与环境的关系角度来划分企业环境行为的维度，近似于把企业环境行为作为一个"黑箱"来处理，从而很难为政府的具体环境政策制定提供有意义的启示。我们认为，不同类型的企业，在不同的环境问题上，会面临不同的制度压力，也会表现出不同的环境行为。因此，有必要综合企业环境行为的具体表现、具体的环境问题以及企业参与环境治理的涉入意愿与程度三个方面来划分企业的环境行为，建立企业环境行为的分类体系。在研究企业环境行为时，须着眼于特定的企业环境行为，明确实施该环境行为所需的资源、能力，以及给企业带来的财务利益和战略价值。

第二，关于企业环境行为的影响因素研究尚处于纷争阶段。近期，学者们开始关注企业在不同时期的环境行为变化，并综合制度因素、经济因素、组织因素等多方面来研究企业环境行为的演化机理。但是，这些研究尚处于起步阶段，对于网络化背景下，影响企业特定环境行为变化的因素及其互动作用机理缺少深入、系统研究，同时对企业环境行为影响因素的前因研究也存在不足。我们认为，未来可综合多种理论，多视角、全方位打开企业环境行为决定的"黑箱"。首先，从高管及其团队出发，一方面研究管理者的环境管理风格、态度与其他外部因素如何影响企业的环境行为，揭示管理者的环境管理风格、态度的形成机理；另一方面研究高管团队结构对企业环境行为决定的影响，提出优化高管团队结构的对策。其次，借鉴社会网络理论，研究企业所处战略网络中的结构对企业特定环境行为的影响。再次，综合多种理论探讨多种因素互动作用下，企业特定环境行为的产生机理。比如，融合新制度主义理论、组织理论研究特定制度压力与企业特征的互动作用下，企业如何做出特定环境行为的决定。最后，深入探究企业环境行为的演化过程，对影响企业特定环境行为的因素、演化路径和演化机理进行研究，并比较研究发达国家和发展中国家在企业环境行为演化方面的差异。

第三，企业环境行为影响效应的衡量指标不完善，企业环境行为的影响效应尚不明确，企业环境行为影响效应产生的机理也有待深入研究。未来的研究首先应从环境行为效应的层次、环境行为效应的内容两个维度来划分企业环境行为效应的维度，并分别设计合理的度量指标。此外，剖析各种环境行为效应产生的机理，将企业规模、行业、环境行为实施的时间等变量纳入理论模型，揭示这些变量对企业环境行为与环境行为效应关系的调节作用，并分析各种环境行为效应的关系与互动机理，从而指导政府有针对性地制定激励与规制企业环境行为的政策，引导企业采取既能提升企业价值，又能促进生态环境改善的环境行为。

第 三 章

企业象征性节能行为及其影响因素研究

　　组织对制度要求的响应究竟是真实的响应，还是象征性的响应，一直都是组织理论的经典问题(Meye 和 Rowan，1977)。以前的研究识别了多种象征性的战略。比如分离或脱耦(Decoupling)，即公司通过采取特定的管理实践，从表面上遵守利益相关者的要求(Westphal 和 Zajac，2001；Tilcsik，2010)，实际上并未这样做。此外，还有注意力转移(attention deflection)，即公司为了避免与制度规范不符合的管理实践受到检查，而强调某些有利的活动①。

　　在绿色经济时代，大多数企业都希望被消费者视为"环境负责""生态友好"的公司。面对政府和公众日益严格的环保要求，很多企业做出了一种象征性响应，采取投机性的"漂绿"(Greenwashing)行为，"乔装打扮"，使自己看起来与真正的绿色企业一样。"漂绿"是"漂白"(Whitewashing)的衍生词。1991 年，David Beers 和 Cathering Capellaro 首次提出"漂绿"一词，用来说明各类组织通过传播虚假的绿色信息来获得绿色形象的行为。当前，"漂绿"通常是指企业使用虚假的营销传播来欺骗或误导消费者认为该企业或其产品、服务是环境负责的行为。典型的"漂绿"行为包括：有选择性的环境表述(如鼓吹产品可以再循环，却回避产品生产中会产生环境污染)；难以得到证明的环境说明；模糊(如过于宽广、错误界定)的环境申明；虽然真实但对于消费者没有价值的环境宣传(如宣称杀虫剂不含氯氟烃，但其实这种物质早已被禁用)；有选择性的声明(如宣传产品是绿色或有机的，但整个产品种类的环境价值却是值得怀疑的)；虚假宣传；自制虚假的环保认证等。在节能领域，企业同样存在象征性节能行为等"漂绿"行为。陈兴荣(2012)②指出，企业的节能行为经常是迫于政府、公众、社会团体和竞争对手等方面的压力被动节能，

---

① 典型的注意力转移战略包括建立自己的公司治理标准(Okhmatovskiy 和 David，2012)，发展自愿性的自我规制项目(Guningham，1995；Sasser 等，2006)以及加强企业的社会形象(Morris 和 King，2010)，所有这些都是为了避免不合法或值得质疑的活动不接受检查。
② 陈兴荣，余瑞祥，向东进.企业主动环境行为动力机制研究[J].统计与决策，2012(5)：184-186.

企业认为节能会增加成本、降低利润，过于追求眼前的利益，不愿意主动地承担节约能源保护环境的责任。金帅（2015）[①]通过研究政府环境监管和企业节能行为之间的动态演化关系，得出若节能的监管能力不足，企业容易出现机会主义行为，钻政策的空子，降低采取节能行为的积极主动性。本章主要研究企业开展节能管理的战略需求，企业象征性节能行为的分类，揭示企业开展象征性节能行为的动因，以及影响企业实施象征性节能行为的因素。

第一节　企业开展节能管理的战略需求

作为一个投入产出的主体，企业的生产经营中无时无刻不在消耗能源。各生产经营环节的能源消耗形成了一条能源链（如图 3-1 所示）。能源链与价值链是相互匹配的，价值的增值是通过原材料提取、组装，加工到分销、使用和处理的一个渐进过程，每一种产品在生产中都会消耗一定的能源。产品在使用寿命到期后的处置也需要耗费能源，因此，在碳受限的时代，价值链的责任就在于监督能源使用，以及降低温室气体（Greenhouse Gas，GHG）的排放。

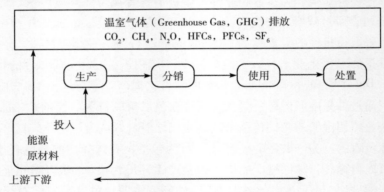

图 3-1　企业的能源链

资料来源：根据 L. Sonia，W. Rodney（2007）修改而来。

按照 Bansal 和 Roth（2000）[②]提出的企业生态响应模型，企业生态响应背后的动因有三种：谋求竞争力、获得合法性、展示生态责任。这些动因又受到三方面的情境因素影响：生态情境下的问题显著性（包括确定性、透明性和情感

[①]金帅,张洋,杜建国.动态惩罚机制下企业环境行为分析与规制策略研究[J].中国管理科学,2015(S1)：637-644.

[②]Bansal P, Roth K. Why companies go green: a model of ecological responsiveness [J]. The Academy of Management Journal,2000,43(4)：717-747.

性)、组织场域情境下的场凝聚力(包括临近性、互联性)以及个人情境下的个人关注(包括生态价值观、自由裁量权)。从三种生态取向来看，积极的生态取向表现出来的生态行为会向下覆盖防御的生态取向，而防御的生态取向表现出来的生态行为则难以覆盖积极的生态取向。将企业的生态取向与 Bansal 和 Roth(2000)的生态响应模型进行匹配，企业采取积极的生态取向的可能动机有两方面：一是追求竞争力，谋求战略或经济收益；二是主动展示企业应承担的生态责任。防御的生态取向的可能动机主要是企业愿意付出成本追求环境合法性。

具体到企业的节能管理来说，企业不仅面临着多种节能管理的压力，同时也受到各种战略因素的驱动。

一、企业面临的节能规制压力

节能环保法律法规的出台，公众、政府、非政府组织(NGO)等利益相关者的节能环保意识觉醒，各种节能环保技术的研发，推动了产业变迁，使得企业的资源适应性和价值性面临着重新评价，也使得企业面临着是否被利益相关者所认可的压力，这些压力都使进行节能管理越来越必要。

(一) 战略网络结构演变的压力

在节能环保制度下，企业面临着战略网络结构演变的压力。

客户是企业战略网络中的核心成员之一。在节能环保制度下，客户在原材料采购中更强调节能环保。日本的大多数企业都将节能和环保限制细化到生产、运输和产品使用的具体环节，通过技术创新和良好的售后服务或回收体系建设促进节能环保目标的落实，企业内部大都建立了完善的企业社会责任(CSR)推进机构。沃尔玛公司在采购链当中就要求对产品进行碳标识，哪种产品含碳量低就购买哪种。IBM 公司已经将应对气候变化列为"智慧地球"战略的一部分，帮助企业降低系统能耗，推动 IT 节能减排，构建一个绿色数据中心，以实现企业的绿色 IT，创造绿色未来。

此外，政府对节能环保的管制，竞争对手、供应商采取的节能环保做法，都给中国企业带来了结构演变的压力。为了应对战略网络结构演变的压力，企业必须进行节能管理，再造价值网。

(二) 制度合法性的压力

世界上许多国家都制定了环境保护的法律法规。美国、德国和日本是世界上最早发展循环经济的国家。美国在 1965 年就制定了《固体废弃物处理法》，1984 年又颁布了《环境保护与回收法》《综合环境响应、补偿和责任法》。德国在 20 世纪 70 年代就出台了环境保护的法律法规，1996 年公布了更为系统的

《循环经济和废弃物管理法》。日本在 2000 年颁布了《促进建立循环社会基本法》，试图通过抑制废弃物的产生、循环利用资源和合理处置废弃物等措施控制自然资源的消费，建立最大限度减少环境负荷的社会。

从新中国成立以来到 2018 年 6 月，我国制定了多部节能环保法律，国务院发布了多个行政法规和其他规范性文件，环保部门发布了多个规章和司法解释，各个地方也积极发布了各种节能环保经济政策（如表 3-1 所示）。

表 3-1   国家支持节能的相关政策

时间	法规/政策	具体内容
2004 年 11 月	《节能中长期规划》	推进合同能源管理，以促进节能产业化，为企业节能改造实施全程一条龙服务
2005 年 6 月	《国务院关于做好建设节约型社会近期工作重点的通知》	推行合同能源管理和节能投资担保机制，为企业实施节能改造提供服务
2006 年 6 月	《关于印发节能减排综合性工作方案的通知》	加快推行合同能源管理，重点支持专业化节能服务公司为企业以及党政机关办公楼、公共设施和学校实施节能改造提供诊断、设计、改造、运行、管理等一条龙服务
2008 年 4 月	修订实施《节约能源法》	提出国家支持推广合同能源管理等节能方法
2009 年 1 月	《循环经济促进法》	为了促进循环经济发展，提高资源利用效率，保护和改善环境，实现可持续发展而制定的法律
2009 年 6 月	《中国应对气候变化国家方案》	提出将合同能源管理作为应对气候变化、节能制度创新和机制建设的重要内容
2010 年 4 月	《关于加快推行合同能源管理促进节能服务产业发展意见的通知》	将合同能源管理项目纳入中央预算内投资和中央财政节能减排专项资金支持范围，对采用合同能源管理方式实施的节能改造项目，给予资金补助或奖励；有条件的地方也要安排资金，支持和引导节能服务产业发展
2010 年 6 月	《合同能源管理项目财政奖励资金管理暂行办法》	对以合同能源管理方式实施的节能改造项目给予奖励。奖励条件为年节能量 100 吨标准煤以上、10000 吨标准煤以下的项目。奖励标准为中央财政 240 元/吨标准煤，地方配套奖励资金不低于 60 元/吨标准煤。为促进措施落实，中央财政下拨 20 亿元补贴该领域发展
2010 年 8 月	《中华人民共和国国家标准合同能源管理技术通则》	确立了合同能源管理的技术标准及合同标准
2010 年 10 月	《关于财政奖励合同能源管理项目有关事项的补充通知》	国家发展改革委、财政部审核备案名单内的节能服务公司在 2010 年 6 月 1 日（含）以后签订并实施的符合规定条件的合同能源管理项目，可以申请财政奖励资金

续表 3-1

时间	法规/政策	具体内容
2011 年 2 月	《关于促进节能服务产业发展增值税、营业税和企业所得税政策问题的通知》	对符合条件的节能服务公司实施合同能源管理项目，取得的营业税应税收入，暂免征收营业税。符合条件的合同能源管理项目，将项目中的增值税应税货物转让给用能企业，暂免征收增值税。节能服务公司实施合同能源管理项目，符合企业所得税法有关规定的，减免企业所得税
2011 年 9 月	《"十二五"节能减排综合性工作方案》	落实财政、税收和金融等扶持政策，引导专业化节能服务公司采用合同能源管理方式为用能单位实施节能改造，扶持壮大节能服务产业。研究建立合同能源管理项目节能量审核和交易制度，培育第三方审核评估机构。鼓励大型重点用能单位利用自身技术优势和管理经验，组建专业化节能服务公司。引导和支持各类融资担保机构提供风险分担服务
2013 年 8 月	《中共中央 国务院关于加快发展节能环保产业的意见》	围绕提高产业技术水平和竞争力，以企业为主体、以市场为导向、以工程为依托，强化政府引导，完善政策机制，培育规范市场，着力加强技术创新，大力提高技术装备、产品、服务水平，促进节能环保产业快速发展
2014 年 10 月	《重大节能技术与装备产业化工程实施方案》	强化科技创新体系建设，形成一批支撑节能技术与装备研发的高水平、基础性、战略性和前沿性机构；研发、示范 30 项以上重大节能技术，形成一批拥有自主知识产权和核心竞争力的重大装备与产品，显著提高节能装备核心元器件、生产工艺核心技术以及先进仪器仪表的国产化水平；支持、引导节能关键材料、装备和产品制造业做大做强，形成一批有国际竞争力的骨干企业；推广重大节能技术与装备
2015 年 4 月	《中共中央 国务院关于加快推进生态文明建设的意见》	到 2020 年，资源节约型和环境友好型社会建设取得重大进展，主体功能区布局基本形成，经济发展质量和效益显著提高，生态文明主流价值观在全社会得到推行，生态文明建设水平与全面建成小康社会目标相适应
2015 年 5 月	《节能减排补助资金管理暂行办法》	为促进能源节约，提高能源利用效率，保护和改善环境，制定了《节能减排补助资金管理暂行办法》
2016 年 7 月	新《中华人民共和国节约能源法》	为了推动全社会节约能源，提高能源利用效率，保护和改善环境，促进经济社会全面协调可持续发展，制定本法

续表 3-1

时间	法规/政策	具体内容
2016 年 12 月	《"十三五"节能减排综合工作方案》	到 2020 年，全国万元国内生产总值能耗比 2015 年下降 15%，能源消费总量控制在 50 亿吨标准煤以内。全国化学需氧量，氨氮、二氧化硫、氮氧化物排放总量分别控制在 2001 万吨、207 万吨、1580 万吨、1574 万吨以内，比 2015 年分别下降 10%、10%、15% 和 15%。全国挥发性有机物排放总量比 2015 年下降 10% 以上
2017 年 1 月	《固定资产投资项目节能审查办法》	为促进固定资产投资项目科学合理地利用能源，从源头上杜绝能源浪费，提高能源利用效率，加强能源消费总量管理
2018 年 7 月	《关于创新和完善促进绿色发展价格机制的意见》	到 2020 年，有利于绿色发展的价格机制、价格政策体系基本形成，促进资源节约和生态环境成本内部化的作用明显增强；到 2025 年，适应绿色发展要求的价格机制更加完善，并落实到全社会各方面、各环节
2018 年 7 月	中共中央国务院印发《打赢蓝天保卫战三年行动计划》	推进既有居住建筑节能改造，重点推动北方采暖地区有改造价值的城镇居住建筑节能改造。鼓励农村住房节能改造

随着客户对节能环保的要求日益提高，中国节能环保制度逐渐趋严，一些企业出于留住客户、提高公司声誉等理性主义的考虑，在组织结构、流程方面做出调整以适应节能环保制度的压力。消费者压力是企业国内环境行为重要的决定因素（Arora 和 Cason，1995[①]；Christmann 和 Taylor，2001[②]；Henriques 和 Sadorsky，1996）。消费者对企业带来的节能环保压力是通过在购买决策时考虑企业的环境行为实现的。可以预计，节能环保的制度压力会通过时间或空间进行扩散，后期企业不仅将面临着理性主义的考虑，而更多的还面临着规范性机制和文化认知机制的压力。

（三）资源贬值的压力

资源基础观（RBV）认为企业是资源的集合体（Penrose，1959），企业的可持续竞争优势源自于企业所拥有的资源，尤其是那些有价值的、稀缺的、不可完全模仿和不可替代的异质性资源（Barney，1991）。资源基础观认为，在信息有限、认知存在偏见及因果关系模糊的制约下，企业选择和积累资源的决策是经济理性的（Amit 和 Schoemaker，1993；Ginsberg，1994）。但是，资源基础观

---

①Arora S，Cason T N.An experiment in voluntary environmental regulation：participation in EPA's33/50 program [J].Journal of Environmental Economics and Management，1995，28（3）：271-287.

②Christmann P，Taylor G.Globalization and the environment：determinants of firm self-regulation in China[J]. Journal of International Business Studies，2001，32（3）：439-458.

忽视了资源及市场的所有权特性，没有考虑到影响资源选择的社会背景，如企业交易、网络纽带、制度压力等，也没有考虑到此背景是怎样影响企业之间的差异性的(Ginsberg，1994)。Oliver(1997)认为资源的选择不仅受到技术和信息的影响，还与人类的行为规范及习惯、风俗相关。个人层面的制度背景(如决策者的规范、价值观)、企业层次的制度背景(如组织文化和政策)、企业间的制度背景(如公共制度的压力及产业规范)是资源的使用背景，也是组织的制度资本。它们会对组织的竞争优势形成一种隔绝机制，促进竞争优势的持续。因此，企业持续竞争优势是同时受到企业资源及其决策背景影响的(贺小刚，2002)[1]。

对于一些产业来说，节能环保的兴起可能会导致其技术的变化，此时，它可能会提高也可能会破坏现存企业的已有能力(Abernathy 和 Clark，1985；Tushman 和 Anderson，1986)。Christmann(2000)[2]在分析企业环境战略对企业成本优势的影响时，强调了企业的组织能力作为企业的一种互补性资产在实施环境战略、构建成本优势方面的调节作用。他认为，企业的过程创新和执行能力越强，企业越能够通过采用污染预防技术、实施污染预防技术创新和环境战略来获得成本优势。因此，在低碳经济时代，企业将面临着知识过时、技术落后的压力，以前是其核心竞争力的资源，如客户资源可能流失，低成本的资源将贬值等，这也给企业带来了开展节能管理的需要。

二、企业开展节能管理的战略驱动因素

企业是否投入资源进行节能管理取决于三个方面的因素：企业对制度压力的感知、资源的特性、产业范式变动的剧烈程度(如图3-2所示)。

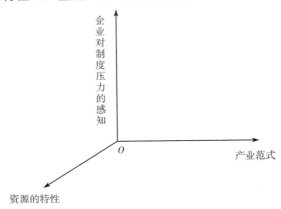

图3-2 企业进行节能管理的三维驱动要素

①贺小刚.企业持续竞争优势的资源观阐释[J].南开管理评论,2002(4):32-37.
②Christmann P. Effects of best practices of environmental management on cost advantage: the role of complementary assets[J].Academy of Management Journal,2000,43(4):663-680.

（一）企业对制度压力的感知

Del Brio 等（2001）[1]学者的研究发现，高层管理者的环境意识、信仰、期望、观念和看法等会影响企业的环境行为。企业的节能行为和节能战略的选择取决于管理人员将节能减排等环境问题看作是机会还是威胁。即使企业面对同样的环境压力，由于管理人员对同一环境问题的感知不同，也会导致不同的环境行为。因此，利益相关者对企业节能减排等环境行为的压力感知不仅取决于压力的特征和强度，还取决于管理人员理解该压力的方式。具有节能环保意识的管理人员更容易接受利益相关者对环境行为的要求，在环境问题上听取意见（Del Brio 等，2001；Sharma 等 1998[2]；Sharma，2000[3]）。因此，压力强度和管理人员对压力的感知力（perception effort）共同决定了企业对制度压力的感知程度。其中，"压力强度"是指制度要求公司采取某种环境行为而施加的影响力的大小，"感知力"是指公司听取利益相关者要求的倾向，它取决于公司的文化特征、管理者的价值观。即使面对相同的利益相关者的压力，一些企业会比其他企业感知到更大的压力（比如，与私企相比，国企感知到的压力会更大），是因为它们形成了捕捉利益相关者关注焦点的机制。

（二）资源的特性

Rugman 和 Verbeke（1998）[4]从资源基础观的视角构建了环境管理的分析框架，这个框架可以解释跨国公司在什么时候有可能在改善环境绩效上投入资源。他们认为，只有当控制污染、减少温室气体排放等活动可以给企业带来竞争优势时，企业才会把这种资源投入作为一种战略。而他们是否会选择这种战略取决于资源投入的平均潜力和取消该投资的弹性。平均潜力是指在环境管理上投入资源是否可以带来或者改进企业独特的竞争优势，而这种优势同时能够提高企业的环境和行业绩效。Rugman 和 Verbeke 认为，如果环境投资可以让企业在现存市场上提高绩效，进入新市场，或者从长期来看能够提升技术能力，那么环境投资就有这种潜力。另一方面，弹性使得企业在决定是否进行资源投资时变得简单，因为可以随时改正错误。最好的结果就是企业在环境改善上的资源投入有这种平均潜力，并且是有弹性的。然而，在很多情况下，企业

①Brio J A del, Fernandez E, Junquera B, et al. Environmental managers and departments as driving forces of TQEM in Spanish industrial companies [J]. The International Journal of Quality & Reliability Management, 2001,18(4/5):495-511.

②Sharma S, Verdenburg H. Proactive corporate environmental strategy and the development of competitively valuable organizational capabilities[J]. Strategic Management Journal, 1998,19(8):729-753.

③Sharma S. Managerial interpretations and organizational context as predictors of corporate choice of environmental strategy[J]. Academy of Management Journal, 2000,43(4):681-697.

④Rugman A M, Verbeke A. Corporate strategy and international environmental policy[J]. Journal of International Business Studies, 1998,29(4):819-834.

的环境投资并不能简单地收回，企业需要承担以绿色错误情景告终的风险，这个时候伴随低弹性的是很微弱的平均潜力。由于这种可能出现的风险，企业在这种投入上会表现得很犹豫。如果在环境竞争上存在不确定性，比如管制工具、消费者反应和行业标准，企业很有可能推迟这种投资决定，直到出现新的在经济回报方面比较好的环境选择。

（三）产业范式变动的剧烈程度

节能环保可能会给各产业带来机遇，使产业规模增长。如，经营方式的节能环保使得企业将自己的一些经营管理职能（如能源管理、IT 管理）外包出去，实现更高水平的节能减排，这将推动服务外包产业规模的扩大或节能服务外包等新服务外包产业的兴起。

当然，产业范式变化给服务外包产业带来的竞争压力、资源贬值压力也是推动企业进行节能服务外包、开展节能技术创新的重要原因。

第二节　企业象征性节能及其动因

我们对家电、汽车、照明等行业的调研发现，国内外企业，甚至是一些著名的跨国公司都存在象征性节能的现象。我们通过国家发展和改革委员会、环保部门等监管机构以及权威媒体的批评或报道来甄别企业的象征性节能行为。下面我们将从这些现象出发，阐述企业象征性节能行为的定义、分类，揭示企业开展象征性节能的动因。

一、企业的象征性节能现象

（一）家电行业的象征性节能现象

家电行业的象征性节能现象非常普遍。2012 年 1 月，据上海市质量技术监督局在其官网发布的报告显示，由中山格兰仕日用电器有限公司生产的批号分别为 BCD-190F2 的电冰箱因"能源效率等级"不合格被定为"质量问题严重"。同样在 2012 年，广东容声电器股份有限公司生产的储水式热水器（型号 RZB40-A1T）"1 能效限定值"项目被检出不合格，存在虚标能效等级现象。正是由于中国家电企业的象征性节能行为泛滥，海信集团董事长周厚健曾这样炮轰白电行业能效虚标问题："白电这个行业是一个烂透的行业，是一个完全没有实话的行业，可以说讲假话比讲真话还滋润。比如说标的节电是多少，没有一个是真的。"

遗憾的是，国外家电行业同样存在诸多的象征性节能行为。比利时经济部在 2009 到 2014 年对生产电炉、烤箱、洗衣机、冰箱、洗碗机、排风机、微波炉、吸尘器和电视等生产这些电器的企业进行抽查发现，被抽查的商家中只有41%的耗电标识是真实准确的，接近60%的店家在节能标识上有作假行为。很多厂家故意夸大产品的节能省电功能，以此来欺骗或迷惑消费者。

2016年9月，美国自然资源保护协会（NRDC）及其顾问机构Ecos在研究了三星、LG、Vizio这三个品牌最近一年生产的某些电视产品后，出具的报告结果显示，美国能源部（DOE）建立的"节能之星"评分系统存在漏洞，而这些获得"节能之星"标识的电视在正常的使用年限下，可能会额外给消费者带来12亿美元的额外能源成本，更需要注意的是，新的数据显示，由于这些电视由于没有想象中省电，会给大气带来500万吨额外的碳排放。换句话说，"节能"电视并没有真正节能。

（二）汽车行业的象征性节能现象

汽车行业夸大燃油经济性、操纵尾气排放，成为行业的通病。2013年，现代起亚集团就因在美国市场将自身产品的燃油经济性夸大了约0.6L而受到制裁。2014年6月，韩国交通部又因现代汽车公司夸大SantaFe运动型多功能车的燃油经济性，对其处以约10亿韩元（约合人民币600万元）罚款。2015年，央视3.15栏目报道称，中国汽研旗下长春与天津两家汽车检测机构存在与车企共同进行油耗造假的情况①。

2015年9月，德国大众汽车被美国环保局指控在美国市场销售的近60万个柴油发动机系统非法安装作弊软件，以操纵尾气排放值，造成了十分恶劣的影响。之后，日本三菱汽车成为继大众汽车"尾气门"后又一公开承认油耗排放造假的跨国汽车企业，涉及62.5万辆微型车，包括三菱eKWagon与eKSpace，以及三菱为日产生产的Dayz与DayzRoox。

（三）照明行业的象征性节能现象

2011年3月31日，北京市消费者协会在其官网上发布公告，称雷士照明生产的"nvc雷士照明牌5W节能灯"被检测出初始光效不合格。该公告称，初始光效是评定节能灯能效水平的参数，是反映一个节能灯产品是否具备节能效果的重要指标，该指标不符合国家标准要求，直接导致节能灯达不到节能效果。除雷士照明以外，另外一家照明巨头飞利浦也因为"灯功率"不合格赫然上榜。

瑞典消费者协会披露的2012年至2014年测试发现，一个28W的飞利浦卤素灯泡要比其所宣称的亮度低24%，而一个通用电气70W的卤素灯泡也要比其宣称的暗20%。此外，宜家53W和70W的灯泡均无法达到标明的性能表

---

① 油耗造假隐藏利益链：车企和检测机构合吞节能补贴[DB/OL].（2014-08-07）[2018-04-05].http://news.163.com/14/0807/14/A32847H400014AED.html,2014.

现，低于所宣称数字的 16%。

（四）节能服务行业的象征性节能现象

国家发展和改革委员会、财政部 2013 年组织了对 2011—2012 年度财政奖励合同能源管理项目的核查清算工作，在工作中核查出部分节能服务公司存在资质申报材料造假或项目造假等问题。被取消备案的共 17 家，涉及 14 省，其中山东省占 4 家，加上此前第一批 15 家被取消备案的，一共有 32 家节能服务公司被取消备案资格。

2016 年，国家发展和改革委员会指出，新疆农六师煤电有限公司（项目建设单位）与山东省工程咨询院（节能评估报告编制机构）共同弄虚作假，出具的《新疆农六师煤电有限公司 2300MW 自备热电机组项目节能评估报告书》内容严重失实。新疆农六师煤电有限公司 2300MW 自备热电机组项目在开展节能评估前已开工建设，但节能评估文件却称项目未开工建设；节能评估文件中机组选型、主要用能工艺等与实际建设情况不一致。其中，项目实际建设 2 台 360MW 湿冷机组，而评估报告中建设方案为 2 台 300MW 空冷机组，隐瞒项目违反国家产业政策的情况（《国家发展改革委关于燃煤电站项目规划和建设有关要求的通知》（发改能源〔2004〕864 号）"在北方缺水地区，原则上应建设大型空冷机组"的要求）①。

二、企业象征性节能行为的定义

企业象征性节能行为是企业制度分离（institutional decoupling）（或脱耦）的一种表现形式。制度理论认为，当存在组织变革的时候，组织经常通过象征性地采取合法行为而很少甚至从不付诸实践的方式，获取利益相关者的合法性认可（Meyer 和 Rowan，1977）②，在默认的外表下隐藏了其真实的不一致性（Oliver，1991）。这种行为就是所谓制度分离。在制度理论中，制度分离是指在象征性地采用正式的政策和实际的组织实践之间建立和保持缺口（Meyer 和 Rowan，1977）。陈扬、许晓明和谭凌波（2011）③从组织制度理论的研究对象出发，将"制度分离"的内涵进一步完善，并将其定义为：为满足所处环境中的不同诉求，组织各要素内和（或）要素之间逻辑关系的断裂。最近的研究进一步认为制度的分离是一个从完全耦合到完全割裂的变化过程，而不是一个结果（Tilcsik，2010）。

---

①发改委：山东工程咨询院等单位节能评估文件造假［DB/OL］.（2016-04-05）［2018-04-05］.http://money.163.com/16/0405/15/BJT8V9NB00253B0H.html.

②Meyer J W, Rowan B. Institutionalized organizations: formal structure as myth and ceremony［J］. American Journal of Sociology,1977,83(2):340-363.

③陈扬,许晓明,谭凌波.组织退耦理论研究综述及前沿命题探讨［J］.外国经济与管理,2011(12):18-25.

很多研究表明了制度分离（decoupling）在现在企业中的盛行现象（Meyer 和 Rowan，1977；Tilscik，2010），比如，企业声称会"维持标准的、合法化的正式结构，然后他们的行为却因实际操作而变动"（Meyer 和 Rowan，1977）。Beverland 和 Luxton（2005）通过对五个国家 26 家知名酒厂经营战略的研究发现，企业的品牌经理通过精心的设计将企业的对外形象构建和内部的实际生产运作相分离，并借此塑造自身的品牌形象。Elsbach 和 Sutton（1992）更早期的研究表明，在"拯救地球"（Earth First）和"行动起来"（Act Up）这两次剧烈的社会运动中，企业发言人有意识地将利益相关方的注意力转移到企业与公众期望一致的行为和目标上，以此隐藏与企业合法结构相违背的企业行为，以获得相关方的支持以及相应的资源获取机会。

借鉴"制度分离"一词的定义，我们认为，企业象征性节能行为是指企业为了响应利益相关者的关注，象征性地建立组织机构、实施节能管理与政策的行为。其实质是企业获取合法性的一种象征性的合法战略①，也是一种信息披露战略。根据 Lindblom（1993）的研究，组织可能采取四种公司信息披露战略（或者是单独的，或者是组合的）以维持或提高其感知的合法性。第一种是告知社会战略，即将组织任何真实的内部改变（包括运营、方法、目标和绩效）告知社会，以缩小合法性缺口。第二种信息披露战略则不改变公司的行为或社会期待，而只是努力改变社会的感知。公司环境信息披露可能被用来教育社会关于企业的方法和目标，以通过提供企业政策和事实的解释，表明其合适性。第三种战略则试图改变社会对于其绩效的外部期待。在这一种战略中，公司不做出改变来缩小合法性缺口。并且，公司集中在对社会的教育上，通过教育将社会观点与组织的目标、产出或方法保持一致。第四种战略，则努力操纵社会的感知，而不是教育社会。它通过将公众的注意力转向另一个相关的问题。公司试图将其与具有高合法地位的象征符号联系起来。组织的象征性节能行为属于一种信息披露战略。

三、企业象征性节能行为的分类

由于企业的象征性节能行为是企业制度分离的一种表现形式，为了对企业的象征性节能行为进行有效的分类，有必要先梳理制度分离的类型。

（一）制度分离的类型

按照 Scott 的制度三大基础要素，制度分为"强制性制度（regulatory

---

① 组织的合法性战略可以分为两大类：实质性的合法性战略和象征性的合法战略（Ashforth 和 Gibbs，1990；Savage 等，2000）。实质性的活动意味着"组织目标、结构、流程或社会制度化的实践发生真实的、物质性的改变"，而象征性活动并没有反映真正的改变，只是试图将组织的活动描述为与社会规范、价值观一致。

system）"、"规范性制度（normative system）"和"文化-认知制度（cultural-cognitive system）"三种。这三种制度对企业都带来了制度压力，从而产生了三种类型的制度分离：强制制度分离、规范制度分离和文化-认知制度分离。

陈扬、许晓明和谭凌波（2011）按照组织的制度分离形成机制的不同，将组织的制度分离归为主动分离和被动分离两大类。所谓主动分离是指面对场域中存在的多种不同的甚至相互冲突的期望，组织有意识地割裂组织内部不同要素之间甚至是同一要素内部的逻辑关联，以同时满足相关方的期望，进而获得相应的资源来服务于组织发展。根据制度分离具体目的的不同，主动分离又可以进一步分为反应性分离和战略性分离。反应性分离是指当面临强大的外部合法性压力时，组织宣称和表面采用某种制度，而在实践中却维持原有的模式。Meyer 和 Rowan 最初提出的组织分离就属于反应性分离，持类似观点的还有Heimer（1999）、Ruef 和 Scott（1998）等学者。与反应性分离相比，实施战略性分离的组织更为主动地面对制度压力，并将实施战略性分离视作一种通过积极满足相关方诉求而获取竞争优势的途径。Beverland 和 Luxton（2005），Elsbach 和 Sutton（1992）[①]的研究中所发现的制度分离就是一种战略性的制度分离。另一种分离是被动分离（或结构性分离）。这是指组织各层次由于分工不同，使得向外界传递不同甚至相悖的信号而产生的分离。组织被动分离（结构性分离）只可能短期存在。随着时间的推移，组织成员的认知、行为范式等将受到新的组织结构的影响，组织成员最终将实践新结构的要求，以消除这类制度分离所带来的不适应。

（二）象征性节能行为的分类

（1）按行为的机制来分类

按制度分离的机制来分类，企业的象征性节能行为可以分为主动的象征性节能行为（包括反应性的象征性节能行为和战略性的象征性节能行为两种）和被动的象征性节能行为两大类。主动的象征性节能行为是指面对场域中存在的多种不同的甚至相互冲突的期望，企业有意识地割裂组织内部不同要素之间甚至是同一要素内部的逻辑关联，以同时满足利益相关方的期望，给予节能的承诺，实际却不执行，进而获得相应的资源来服务于组织发展。按照贾生华、陈宏辉（2002）对组织中利益相关者的观点，企业是由不同的利益相关者缔结各种契约的连接体[②]。被动的象征性节能行为是指企业各层次由于分工不同，使

[①] Beverland 和 Luxton（2005）对五个国家 26 家知名酒厂经营战略的研究发现，企业的品牌经理通过精心的设计将企业的对外形象构建和内部的实际生产运作相脱耦，并借此塑造自身的品牌形象。Elsbach 和 Sutton（1992）更早期的研究表明，在"拯救地球"（Earth First）和"行动起来"（Act Up）这两次剧烈的社会运动中，企业发言人有意识地将利益相关方的注意力转移到企业与公众期望一致的行为和目标上，以此隐藏与企业合法结构相违背的企业行为，以获得相关方的支持以及相应的资源获取机会。

[②] 贾生华，陈宏辉.利益相关者的界定方法述评[J].外国经济与管理,2002,24(5):13-18.

得向外界传递不同甚至相悖的信号，而产生的被动的象征性节能行为。

（2）按顾客感知来分类

从顾客感知的角度来看，顾客并不关心企业节能行为的具体动因，他们关心的是企业的整体能源取向，即是积极的、防御的、消极的。从顾客感知的角度来看，如何区分企业的能源取向行为呢？最根本的是从顾客让渡的环境价值来区分①。如果顾客的让渡价值扩大，那么，此种取向行为属于积极的能源取向行为。如果顾客的让渡价值不变，则此种行为属于防御性的能源取向行为。如果顾客的让渡价值减少，则此行为属于消极的能源取向行为。

然而，顾客感知的企业能源取向与企业实际的能源取向存在差异。企业的能源取向与消费者感知的能源取向发生偏差的情况有以下几种。

① 企业能源取向的顾客感知"降级"。包括三种情况：积极的能源取向被消费者感知为防御的、消极的能源取向，防御性的能源取向被感知为消极的能源取向。分别表现在图3-3中的A1、A2和A3区域。其原因主要是竞争对手的攻击、企业节能行为传播的不足与错误。

② 企业能源取向的顾客感知"升级"。包括三种情况：消极的能源取向被感知为积极、防御的能源取向，防御的能源取向被感知为积极的能源取向。分别表现在图3-3中的B1、B2和B3区域。其原因主要包括顾客的有限理性、信息不对称、企业的象征性节能行为、营销欺骗等。

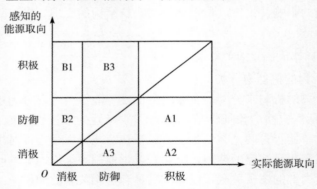

图3-3　企业的能源取向

企业生态取向与顾客感知的生态取向偏差都会带来社会总福利的损失。企

---

① 按照菲利普·科特勒的顾客让渡价值理论，它是指顾客总价值（Total Customer Value）与顾客总成本（Total Customer Cost）之间的差额。顾客总价值是指顾客购买某一产品与服务所期望获得的一组利益，它包括产品价值、服务价值、人员价值和形象价值等。顾客总成本是指顾客为购买某一产品所耗费的时间、精力、体力以及所支付的货币资金等，因此，顾客总成本包括货币成本、时间成本、精力成本和体力成本等。此处的顾客总价值是按照价值的来源来划分的。如企业生产绿色产品、进行绿色传播，能够给消费者增加产品的价值、形象价值等。

业生态取向的顾客感知"降级"会导致企业的环境合法性损失以及市场利益的减少。企业生态取向的顾客感知"升级"会导致顾客感知价值的减少。

本章主要关注导致企业能源取向的顾客感知"升级"的象征性节能行为。象征性节能行为可分为以下几类：一是企业实际的能源态度是防御或消极的，但是通过"漂绿"行为来改变社会对其能源态度的感知，或者将企业与具有高合法地位的象征符号联系起来，让外界感知到其是积极的或防御的；二是通过对外界进行教育，让外界认识到企业节能行为的合理性，缩小企业与节能标准的差距；三是通过操纵节能标准的制定，如游说政府阻止立法，或者将公众的注意力转向另一个相关的问题。

四、企业采取象征性节能行为的动因

研究者们对组织为什么会采取制度分离行为做出了有价值的解释。这些研究的一个共同的主题就是制度分离是对制度压力的响应。制度分离是组织面对场域中的各种同构性压力求得生存的有效的防御性策略（Kostova 和 Roth，2002；Seidman，1983）和异质性制度逻辑之下维持其健康和竞争力的合理性选择（Beverland 和 Luxton，2005；Heimer，1999；Ruef 和 Scott，1998）。Meyer 和 Rowan（1977）认为，制度分离使得组织在获得外部合法性的同时，能保持内部的灵活性。在此基础上，Elsbach 和 Sutton（1992）提出，一旦外界披露组织命令的违背，制度分离就可以为组织的发言人提供合理的借口和正当理由。George（2006）等认为新制度与环境不确定性导致了组织制度分离。有学者指出组织制度分离可以归结为一种印象管理方式（Beverland 和 Luxton，2005）。

具体到节能行为来说，企业采取象征性节能行为的原因主要有 3 个。

第一，对与效率背离的节能法律法规做出响应。新制度主义明确告诉我们，所有的组织都是技术环境（或称任务环境）和制度环境共同塑造的结果[①]。在技术环境中，组织会因为产品或服务质量的改进和产量的提高而受到奖励。技术环境要求组织遵循"效率"机制，按照利益最大化原则组织生产经营。同时，组织也是制度环境的产物，是被制度环境形塑了的。在制度环境中，组织由于采用了适当的组织结构和程序而获得利益相关者的认可，制度环境要求组织要遵循"合法性"机制，采用在制度环境下被普遍接受的组织结构和做法，而不管这些结构和做法的效率怎样。就节能领域而言，我国目前的一些节能法律法规等政策在出台时确实不是从企业的利益出发，忽视了当前我国的国情与各类企业的特点。这些与效率背离的节能法律法规带来的制度压力，企业

---

①1983 年，Meyer 和 Scott 清晰地界定了组织环境中的技术环境和制度环境，指出技术环境是那些被组织用于提供市场交换所需的产品和服务的工具性、职业性或任务性环境；制度环境则是组织为了获取合法性和外界支持而必须遵守的规则。

要么遵循这些节能法律法规，接受一种非效率；要么进行制度分离，遵循表面的环境合法性。部分企业在追求技术效率时，试图遵循表面的环境合法性，这就带来了所谓象征性节能行为。

第二，象征性节能行为能给企业带来财务收益和战略收益。最初 Meyer 和 Rowan（1977）提出组织分离思想的一个重要考虑就是制度分离本身所具有的实用性（Pragmatic），即可以在满足外部制度合法性要求的情况下，保证组织内部的生产运营。这一命题的潜在假设是，组织认识到制度分离在一定情况下可以为其带来收益。我们认为，象征性节能行为不仅能够企业带来财务收益，而且能够带来组织合法性等战略收益。

① 财务收益。Oliver（1997）[1]的实证研究结果表明，制度分离对企业的成功非常关键，尤其是当企业的生产活动高度依赖外部资源，且相关资源（如土地、劳动力和资本等）均处于企业任务环境中利益相关方的控制之下时。Westphal 和 Zajac 在他们有关 CEO 长期任职补偿计划的研究中发现，公司宣称执行这一计划的行为本身和公司股价正相关，而大多数公司在数年后并未真正执行这一计划。Fiss 和 Zajac（2006）随后的一项以德国 100 家大型上市公司为对象的研究结果也表明，无论公司实际执行战略变革与否，其通过年报等方式向公众传递战略变革相关信息这一行为本身，都会引发市场的积极反应。企业的象征性节能行为可以通过推出"漂绿"的节能产品，或成为"漂绿"的节能企业，进而获取政府补贴，扩大市场占有率，并在资本市场获得更有利的融资条件和市场股价反应。

② 战略收益。作为一种印象管理策略，象征性节能行为能够给企业带来组织合法性，进而获得组织声誉、政府优先支持、融资便利等战略收益。合法性的管理在很大程度上依赖于组织沟通（Suchman，1995）以及回忆象征的使用（Philips 等，2004）。合法性理论认为，组织主要通过组织沟通或修辞性的战略（或口头上的战略，即 Rhetorical Strategy）来强调其价值观和行为与制度期待是一致的。Suddaby 和 Greenwoord（2005）[2]认为，这一战略是指组织有意识地使用说服性的语言来获得合法性。

第三，组织管理层对个人利益的追求。Westphal 和 Zajac（2001）[3]认为，制度分离的发生并不是因为它对组织有作用，而是因为它满足了组织领导者的利益。两位学者认为：当组织通过表面的制度采纳获得合法性后，组织中的首席执行官（或高管）有可能出于自身利益的考虑，阻碍相关制度的真正实施。在

---

① Oliver R L.Satisfaction：a behavioral perspective on the consumer[M].New York：McGraw-Hill，1997.

② Suddaby R，Greenwood R.Rhetorical strategies of legitimacy[J].Administrative Science Quarterly，2005，50（2）：35-67.

③ Westphal J D，Zajac E J.Decoupling policy from practice：the case of stock repurchase programs[J]. Administrative Science Quarterly，2001，46（2）：202-228.

中国企业的节能管理领域也存在这一现象。面对政府部门和社会公众的节能压力，部分企业（尤其是国有企业）为了自己的职位或声誉，采取了过度的节能，降低了企业的竞争力。

总的来看，企业的象征性行为是企业应对节能规制的一种生态反应。Bansal 和 Roth（2000）[1]将企业生态反应定义为企业为了降低自身对自然环境的影响，而提出的一系列相应的企业项目或倡议，包括企业产品、流程和政策的变化，比如降低资源能耗和垃圾的生成，使用生态可持续性资源，落实环境管理系统等。企业采取象征性节能行为的最根本的动因是让顾客感知的生态取向"升级"，而最终的动因则是通过获得环境合法性，进而获得组织和个人的财务利益和战略收益。

第三节　企业象征性节能行为的影响因素

前面分析了企业采取象征性节能行为的动因。诚然，很多企业都有动机去采取象征性节能行为，但并非每个企业都去实施这一行为。为什么会如此呢？结合学术界对组织制度分离的决定因素研究，我们认为，下面这些因素会决定企业是否采取象征性节能行为。

一、企业内的权力结构与政治

一些学者从组织政治学的角度来研究组织制度分离的决定因素。Westphal 和 Zajac（2001）研究了组织内部的政治利益与社会意识如何共同影响公司治理政策的制度分离。他们的研究发现，组织内的政治因素会强烈地影响制度分离的程度。Zajac 和 Westphal（1995），Westphal 和 Zajac（1998）在一系列对管理者动机的研究中发现，当 CEO 在董事会的权力相对更大时，CEO 更有可能采取制度分离行为。相反，当组织外部利益相关方掌握较大的权力，且实施监管的成本不是很高时，组织发生制度分离的概率会较小。Steven 等（2005）的一项针对 302 名资深财务经理的访谈研究表明，在供应商、客户以及股东等利益相关方压力下，企业所制定的战略决策背离商业伦理的概率较小。在节能领域，企业内的权力结构与政治同样会对象征性节能行为带来影响。

二、企业的关系网络

在对组织制度分离的研究中，学者们发现，企业嵌入的关系网络是影响制

---

[1]Bansal P，Roth K. Why companies go green：a model of ecological responsiveness ［J］. The Academy of Management Journal，2000，43（4）：717-747.

度分离决定的一个重要因素。部分学者的研究发现，企业的关系网络会给企业带来示范效应和制度分离的经验。比如，Westphal 和 Zajac（2001）的研究发现：组织以前的制度分离经验、与以前制度分离组织的网络关系会促使企业做出制度分离行为。然而，学者们的研究也发现，组织嵌入关系网络有时能有效降低制度分离发生的概率。Haunschild（1993）以 1980—1990 年 327 项公司收购案为对象的研究表明，通过互任董事的方式建立联系的企业管理者之间，会相互实质性地模仿收购行为；同时，这种行为甚至不受外部制度的影响。Lounsbury（2001）以美国五大湖区域相关学校的环境保护计划为对象的研究表明，相关联盟对环境保护计划的实质性实施起到了重要作用。Fiss 和 Zajac（2001）以德国 100 家大型企业为样本的调研也表明，一旦组织的关系网络中存在能够监督计划实施的有效监管者，计划出现分离的可能性就比较小。在节能领域，企业的关系网络对于象征性节能行为的推动作用非常明显。国内外在汽车、照明、家电等行业普遍存在的象征性节能行为，与企业嵌入关系网络带来的示范效应有着密不可分的关系。

三、企业利益相关者的成熟度与信息掌握度

Greenwood 等（2005）认为组织场域的成熟程度可能会影响制度分离的发生概率。对于利益相关者来说，其对企业的节能行为缺乏专业知识与判断，这就加大了企业采取象征性节能行为的概率。另外，由于企业与利益相关者在产品的节能性、生产的节能等领域存在信息不对称，企业在声称采纳某一节能工艺、节能设计等的同时，能够放弃对该做法的实际执行，在企业与消费者之间实施制度分离，而不被利益相关者所感知，那么，企业将更有可能采取象征性节能行为。

四、高管价值观与组织文化

由于管理人员对同一问题的感知不同，也会导致不同的行为。因此，利益相关者对企业象征性节能行为的压力感知不仅取决于压力的特征和强度，还取决于管理人员理解该压力的方式。具有社会责任意识或同理心的管理人员更容易接受利益相关者对企业节能的规制要求。因此，压力强度和管理人员对压力的感知力（Perception Effort）共同决定了企业对制度压力的感知程度。其中，"压力强度"是指制度要求公司采取节能行为而施加的影响力的大小，"感知力"是指公司听取利益相关者要求的倾向，它取决于公司的文化特征、管理者的价值观。即使面对相同的利益相关者压力，一些企业会比其他企业感知到更大的压力，是因为它们形成了捕捉利益相关者关注焦点的机制。此外，组织的节能文化也能抑制象征性节能行为的产生，员工对组织文化的认同也能起到同

样的作用。Dutton 和 Durerich(1991)等学者的研究发现，组织成员对组织形象的认同能够有效抑制组织制度分离的发生。Pitsakis 等(2012)提出，在组织做出制度脱耦的决策后，组织的个体的三种自我身份建构——对组织的高度认同；对制度压力的高度认同；组织身份和制度身份的同时采用——会影响其对制度分离的态度[①]。

五、环境可见性

Bowen(2000)[②]认为环境可见性(environmental visibility)是在环境背景下的企业或问题的可见性。可见性反映了现象能被看到或注意到的程度。在组织理论中，可见性根据内容来分，包括组织的可见性和某一方面问题的可见性。而根据可见性的层次来分，包括组织层面的可见性、业务单元层面的可见性和运行单元层面的可见性(Bowen，2000)。可见性越高的组织越容易受到利益相关者的注意(Bansal，2000)，因此会更多地暴露于制度压力下(Oliver，1997；Goodstein，1994)。Marquis 和 Toffel(2012)[③]将组织的可见性分为一般可见性(generic visibility)和特定领域的可见性(domain-specific visibility)，一般可见性是企业规模(用销售量来衡量)的函数，用企业的环境影响成本来衡量特定领域的可见性(environment impact cost)。我们认为，环境可见性(environmental visibility)是一种特定领域的可见性。

目前，学术界尚未研究检验环境可见性与组织响应间的关系。Philippe(2007)提出，组织在与社会的沟通中，向社会披露的环境信息越多，其组织合法性并不一定越高，也就是说，组织披露的环境信息只能对其获得合法性产生有限的影响。他的解释是，由于他的样本是美国 500 家最受欢迎的企业，这些企业的地位较高。而根据 Phillips 和 Zuckerman(2001)对硅谷法律服务市场和投资服务市场的研究，分析师的地位与其合法性存在倒 U 形曲线关系，也就是说，高地位企业已经获得组织合法性，而低地位的企业已经被认为是组织不合法的，反倒是中等地位的企业获得组织合法性的需求更为迫切，所以，高地位或低地位企业感受到的制度压力要小于中等地位的企业。因此，Philippe(2007)提出，他的研究样本企业已经具有较高的合法性。所以导致了沟通战略与组织合法性的关系不明显。

我们认为，导致这一问题的原因在于组织披露的环境信息与利益相关者感

---

①Pitsakis K，Biniari M G，Kuin T. Resisting change：organizational decoupling through an identity construction perspective[J].Journal of Organizational Change Management，2012，25(6)：835-852.

②Bowen F E.Environmental visibility：a trigger of green organizational response？ [J].Business Strategy and the Environment，2000，9(2)：92-107.

③Marquis C，Toffel M W.When do firms greenwash？ Corporate visibility，civil society scrutiny，and environmental disclosure[J].Harvard Business School Working Papers，2012，20：11-115.

知的环境信息是否存在感知差异，即组织披露的环境信息被利益相关者感知为真实的、生态友好的信息。还是被感知为虚假的、或者说是对环境构成威胁的信息。因此，企业的象征性节能行为是否能带来其追求的利益，关键是利益相关者是否能认识到组织提供的环境信息是虚假的，是对生态环境构成威胁的信息。

实际上，Blau（1960，1963），Dittes 和 Kelley（1956），Homans（1961）等人早就提出了地位和异质性间的倒 U 形关系。正如 Dittes 和 Kelley（1956）提出的，当行动者认为其所看重的群体中的成员资格不安全时，一致性（conformity）会增加。由于高地位的成员对其社会接受性有信心，这使得他们有胆量偏离传统的行为（Hollander，1958，1960）。同时，低地位的行动者有更大的自主权去蔑视社会接受的行为，因为不管他们怎么做，他们都是社会排斥的对象。相对来说，中等地位的保守主义者则会经历一种达到某一种社会状态的焦虑，因为他们害怕被剥夺一些社会权利。这种不安全感会促使其与社会规范保持一致。

此外，按照 Philippe（2007）和 Phillips 和 Zuckerman（2001）的观点，环境可见性与组织象征性环境行为的利益实现也应该是一种倒 U 形关系，即高环境可见性和低环境可见性的企业，其组织象征性环境行为的利益更容易实现，而中等环境可见性的企业，其组织象征性环境行为的利益更难实现。

以前的研究发现，随着环境规范的增加，企业的环境信息披露越多（Short 和 Toffel，2008）。Pfeffer 和 Salancik（1978）提出，可见性会影响企业面临的压力，因为利益相关者对可见的企业会有更大的兴趣。Meznar 等（2006）发现，新闻报道与企业影响外部人士感知企业的方式的意图正相关。利益相关者对遵从的要求产生了制度压力（Maignan 和 Ferrell，2001），而媒体会让公众的注意力集中于公司的行为，因此会加大制度的压力（Chen 和 Meindl，1991；Erfle 等，1990）。

不少研究发现，公司的可见性与其对社会或政治问题压力的响应积极性有正向关系。Ingram 和 Simons（1995）的研究发现，组织的可见性会正向影响其对工作-家庭问题的响应。Dawkins 和 Fraas（2011）[1]的研究发现，随着企业可见性的增加，它会增加自愿性的环境信息披露。企业可见性没有调节资源性的环境信息披露和环境绩效间的关系。Marquis 和 Toffel（2012）认为，在特定领域的可见性更强的企业对利益相关者的批评更脆弱，因此进行选择性信息披露的可能性较低。相对来说，一般可见的公司只有当他们在收到公民社会监督（civil society scrutiny）时才不敢进行选择性信息披露。他们对多个产业的 4484

---

[1]Dawkins C E,Fraas J W,Michalos A C.Beyond acclamations and excuses：environmental performance，voluntary environmental disclosure and the role of visibility[J].Journal of Business Ethics,2011,99(3):383-397.

家公众公司的实证研究发现，特定领域的可见性确实会减少企业的选择性信息披露行为，并且，这种减少程度比一般性的可见性更明显。

Dawkins 和 Cedric（2005）①，Meznar 和 Nigh（1995）②提出了可见性的度量指标。Dawkins 和 Fraas（2011）使用在流行媒体发表文章的数量和时机来衡量可见性。选择的报纸具有全国范围的声誉，并且来自美国的不同地区，以确保覆盖性。用《纽约时报》《华盛顿邮报》《华尔街杂志》《今日美国》《洛杉矶时报》在 1996 年提到的总次数来衡量企业的可见次数。作者对可见性变量进行了对数变换。Saiia（2000）认为，有必要发展一个普遍接受的指标来度量可见性，并且最好通过容易获得的二手数据来作为可见性的衡量指标。由此，Stephen 和 Andrew（2006）通过公司在新闻媒体出现的频率来衡量可见性。Meznar 和 Nigh（1995）也采用了类似的方法来衡量组织可见性。Rappaport 和 Flaherty（1992），Bansal（1996）提出，经常在媒体上出现的企业、广告费用比例更高的企业、logo 更明显的企业，其名字在消费者那里有更高的认知。

我们认为，企业的环境可见性越高，企业越容易感受到制度压力。企业感受到的制度压力越大，其减缓制度环境压力的动机越强，就越不可能采取象征性的节能行为。当然，信息不对称程度和消费者的成熟度会调节环境可见性与象征性节能行为的关系。

六、其他因素

一是行业类型。制造行业企业的技术性更强，其象征性节能行为不容易被公众发现。因此，相对消费品生产企业而言，制造行业企业采取象征性节能的概率更高。高碳行业、服务行业更有可能采取不同的环境行为。高碳行业所受到的环境规制更严格，那么，其环境可见性很高。因此，其更不能采取象征性的节能行为。

二是企业的资源。Lee 和 Rhee（2006）从制度理论和资源基础观的视角，分别研究制度变化和资源变化情况下企业环境战略（即企业选择亲环境行为和业务的广度和深度）的演化。他们根据亲环境行为、业务的广度和深度把企业环境战略分为四类：反应型、集中型、机会主义型和积极型，然后对韩国 85 家造纸企业 2001—2004 年间进行连续的问卷调查后发现，韩国造纸企业的环境战略经历了一个非线性的演化路径，社会的环境关注、经济危机等宏观层面的制度变化会推动企业采取更为积极的环境行为，但高层管理者的态度和企业的

---

①Dawkins C E.First to market：issue management pacesetters and the pharmaceutical industry response to AIDS [J].Business and Society,2005,44(3):244-282.

②Meznar M B,Nigh D.Buffer or bridge? Environmental and organizational determinants of public affairs activities in American firms[J].The Academy of Management Journal,1995,38(4):975-996.

冗余资源等企业层面的因素会影响企业的环境战略选择，因此，企业会表现出不同的环境行为。由此，我们认为，高层管理者的态度和企业的冗余资源会影响企业的象征性节能行为。企业的财务压力越大，其越可能采取象征性节能行为。如果我们使用财务冗余来反映企业的财务压力大小，那就意味着企业的财务冗余与象征性节能行为发生的概率存在负相关关系。

三是企业的规模。很多研究都使用企业的规模（Bowen，1999；Clemens，1997）来衡量企业的可见性。然而，Bowen（2000）指出，规模越大的企业有越多的资源或组织冗余做出环境响应，因此，无法判断企业的环境响应到底是因为有资源，还是因为可见性导致的。这就意味着企业规模对象征性节能行为的影响机理和影响结果尚不明确。在中国，我们倾向于认为，企业规模与象征性节能行为存在倒 U 形关系。大型企业因为环境可见性更显著，其采取象征性节能行为的可能性较小，而小型企业因为实施象征性节能行为带来的收益较小，其采取象征性节能行为的概率也较小。相对来说，中型企业因为实施象征性节能行为带来的收益较大，同时被社会所披露的可能性较小，因此，其采取象征性节能行为的可能性最大。

第 四 章

企业节能服务外包关系及其治理方式研究

外包(outsourcing)最早由 C. K. Prahalad 和 Gary Hamel(1990)[①]正式提出，意为企业将一些非核心的、次要的或辅助性的功能或业务转移给外部专业服务机构承担，利用后者的专长和优势来提高整体效率和竞争力，利用外部资源来完成组织自身的再设计和发展，而组织自身则专注于具有核心竞争力的功能和业务。按照外包的领域划分，可将外包分为制造业外包和服务外包。

20世纪70年代以来，为了缓解能源危机、应对气候变化，世界各国纷纷倡导节约能源。对许多企业而言，能源管理不是企业核心能力的一个部分，自我管理和自我服务的方式是低效率、高成本的方式。通过使用节能服务公司提供的专业服务，实现企业能源管理的外包，将有助于企业聚焦到核心业务和核心竞争能力的提升方面。由此，不少企业开始将能源服务外包给专业的节能服务公司(Energy Service Companies，简称为 ESCOs；或 Energy Management Corporation，简称为 EMC)。在节能服务外包中，节能服务公司(作为接包方)利用专业的技术、设备、知识为用能企业(作为发包方)提供节能服务，降低其能源成本，并承担风险，共享节能收益。自20世纪80年代开始，中国政府逐渐认识到能源供给是制约经济增长的一个主要瓶颈，节约能源与提高能源效率首次成为中国能源政策中重要的一部分。进入21世纪，我国节能服务外包得到快速发展。遗憾的是，当前我国节能服务外包的关系质量不高，不公平、不信任等负面情感蔓延，不仅增加了节能服务的运行成本、交易成本，降低了节能服务外包绩效，有时甚至直接导致了节能服务合同的非正常终止。因此，节能服务外包的关系治理问题已经严重制约了我国节能服务的发展，不利于实现建设"美丽中国"的宏观目标，优化节能服务外包关系的治理机制已刻不容缓。

本章在对世界和中国节能服务外包的发展和现状梳理的基础上，指出了节

---

①Prahalad C K,Hamel G.The core competence of the corporation[J].Harvard Business Review,1990,68(3)：275-292.

能服务外包不同于其他服务外包的重要特性，提出了节能服务外包关系治理面临的困境，由此揭示了节能服务外包关系的多元治理方式，并分析了节能服务外包多元治理方式的形成机理。

第一节　中国节能服务外包的发展现状

一、节能服务外包的性质

节能服务外包是一种新兴的服务外包。通常来说，服务外包按照业务类型可以分为 ITO、BPO、KPO（分类及定义如表 4-1 所示）。按照服务外包的 ITO、BPO、KPO 分类，节能服务外包属于一种知识流程外包。

表 4-1　　　　　　　　　服务外包的不同发展阶段

类型	具体内容	主要特征	出现时间
信息技术外包（ITO）	IT 系统操作服务、系统应用服务以及基础技术服务等	劳动密集型	20 世纪 80 年代
业务流程外包（BPO）	企业内部管理服务、企业业务运作服务以及供应链管理服务等	劳动密集型	20 世纪 90 年代
知识外包（KPO）	涉及外包更高技能的核心业务和流程，比如研发、产品设计等	知识密集型	2000 年以后

资料来源：本研究整理

业务流程外包（Business Process Outsourcing）是指企业将自己的部分业务流程或职能外包给专业服务供应商，并由供应商对这些业务流程进行重组和运营，并交付以满足发包商需求的过程。BPO 涉及的职能部门一般包括客户服务、人力资源、财务处理、能源管理、物流采购与专业服务等方面，外包承接方根据服务协议在自己的系统中对这些职能进行管理并由发包方根据服务水平进行支付，外包承接方的收入往往与业务绩效或成本节约程度相关联。KPO（Knowledge Process Outsourcing），是服务行业近来涌现的一个新名词，意为"知识流程外包"，主要涉及服务业务中的知识分析与创新、研发等环节的转移。相对于更为基础和标准化的 BPO 而言，KPO 处于价值链上游，具有更高附加值和技术含量。KPO 的流程可以简单归纳为：获取数据——进行研究加工——销售给咨询公司或终端客户。KPO 主要包括以下几个方面的具体内容：业务研究，包括对市场和竞争对手的分析等；投资研究，主要针对投资银行；

技术研究，包含许多信息技术的内容。通常往往把上述三方面结合在一起，打包提供给顾客，更宽泛的 KPO 定义还包括研究中心之类的机构。与 ITO、BPO 外包方式相比，企业实施 KPO 的动机已经超越了降低成本阶段，而主要在于获取知识红利。

　　面对能源危机、气候变化的挑战，不少企业开始将能源服务外包给专业的节能服务公司，节能服务外包由此开始兴起。在节能服务外包中，作为接包方的节能服务公司利用专业的技术、设备、知识为用能企业（作为发包方）提供节能服务，降低其能源成本，并承担风险，共享节能收益。作为为企业及项目在节能减排等方面提供服务和支持的新兴行业，节能服务（外包）行业是属于国家鼓励发展的科技服务业，同时也是现代服务业的重要组成部分。节能服务行业涉及合同能源管理、能源审计、节能项目设计、设备和材料采购、人员培训、节能量监测、信息、咨询等方向（如表 4-2 所示），其中合同能源管理的地位最为突出，是节能服务行业的核心力量。

表 4-2　　　　　　各种不同节能服务外包形式的典型范围

外包形式	包括的活动
战略能源咨询包括：标杆，机会评估，政策支持，项目设计	意识到机会，评估风险，战略响应决定，确定政策，确定高水平的目标，建立责任，分配资源，确保 M&T 的建立，监督结果
咨询（consulting）	M&T 信息提供，激励和意识培训，识别项目，开发项目，管理项目的执行
能源获取（procurement）咨询	能源供应投标，市场建议
自我建立和运营	开发项目，实施项目，运行和维护，项目融资
公用设施（utility）系统运行和维护	运行和维护公用设施（utility）系统
合同能源管理	运行和维护，提供 M & T 信息，识别和开发项目，项目融资
节能项目契约（Energy savings performance contracting）	识别，开发和运行项目，项目融资
公用设施外包	识别，开发和运行项目，项目融资，运行和维度

　　资料来源：Kleeman S. Outsourcing energy management ［M］. NW：Area Development Site，2007.

二、中国节能服务外包的发展起源与现状

（一）节能服务外包的发展起源

美国是节能服务的发源地。1985 年，美国政府投入 25 亿美元财政预算用

于支持政府机构节能项目，1992 年又通过议案要求政府机构与 EMC 合作进行合同能源管理，这样既不用增加政府预算，又可取得节能效果；1992 年加拿大政府实施"联邦政府建筑物节能促进计划"，帮助各联邦政府机构与 EMC 合作进行办公楼宇节能工作，并制订在 2000 年前联邦政府机构节能 30%的目标，同时加拿大 6 家大型银行支持也优先给予 EMC 资金支持。另外，德国、西班牙及其他欧洲国家也相继建立起比较成熟的节能服务体系。

为推动节能转换并减少温室气体排放和环境保护，1992—1994 年，我国在全球环境基金和世界银行的支持下，完成了对我国温室气体排放控制问题及战略的研究。该研究指出：由于市场中存在的障碍，我国大量技术成熟、经济及环境效益良好的节能项目未能得以实施，既浪费了能源资源，又污染了环境。有鉴于此，1998 年我国与世界银行及全球环境基金（GEE）合作引入市场化的节能新机制——合同能源管理，正式拉开我国节能服务业发展的帷幕。

2010 年，世界能源消耗约为 160 亿吨标准煤，增长率为 5.7%，我国能源消耗为 32.5 亿吨标准煤，增长率为 5.9%，与此同时，能源供给则受生产瓶颈和原有能耗结构的限制无法实现快速增长。在此背景下，无论是全球气候变化问题、新能源产业革命还是能源结构的调整，诸多议题均需服从于同一任务：如何以更低成本的能源消耗，支持经济的发展，能源问题的关键变为如何节能。同时，我国重点行业单位能耗比世界平均水平高 10%~20%，节能减排的形势异常严峻。

（二）中国节能服务外包产业的发展

2000 年以来我国节能服务公司呈快速增长势头，自身能力也在不断加强，从提供单一节能技术到为用户提供整体节能解决方案；从节能空间较小的建筑节能扩大到潜力巨大的工业节能；从投资十几万元的小项目到投资上亿元的大项目，中国节能服务产业的投资也在不断创造新高。进入"十一五"之后，中央政府将节能工作作为基本国策提到了前所未有的高度，特别是新修订的"节约能源法"的贯彻实施，节能服务作为新型的可持续发展的科技服务业，越来越多地得到政府的关注和支持。各个地方也相继制定相关政策，设立了省级节能专项资金，采用补助、奖励、贴息等方式，支持节能重点工程、高效节能产品和节能新机制推广，淘汰落后的高能耗设备，支持节能管理能力建设等。

我国节能服务外包产业经过十多年的快速发展。到 2015 年，行业产值已达 3157 亿元；2016 年继续增长到 3567 亿元；2017 年则增长到 4148 亿元，同比增长 16.3%，增速较 2016 年提高 2 个百分点。截至 2017 年年底，全国从事节能服务的企业 6137 家，较 2016 年增加 321 家，年均增长率较 2016 年降低

1.7%。行业从业人员 68.5 万人，比上年增长 3.3 万人。节能服务公司从业人员平均为 112 人。《"十三五"节能环保产业发展规划》明确，到 2020 年，节能服务业总产值将达到 6000 亿元。

据中国节能协会的数据，2017 年，合同能源管理项目形成年节能能力 3812.3 万吨标准煤，比上年增长 6.5%；相应形成年减排二氧化碳能力超过一亿吨，为 1.03 亿吨。合同能源管理投资小幅上升，为 1113.4 亿元，比上年增长 3.7%；单位节能量投资成本与往年基本持平，为 2920 元/吨标准煤。在调研的节能项目中，年节能量在 1 万吨标准煤以上的项目占比 27.4%，也就是说超过 1/4，较往年有所提升，大型项目有增多的趋势。

从业务领域看，节能服务的领域在逐步拓宽，除了余热余压利用、中央空调系统节能、电机系统节能、建筑综合节能、供热系统节能、工业锅炉窑炉节能、能源站建设运营、储能技术、绿色照明等，还有很多公司开展了售电业务，也有很多公司关注并开展碳交易与碳资产管理业务，从而增加了与客户黏度。从节能上市公司数量上看，逐步增多，企业总体实力增强。据统计，从事节能服务业务的上市公司数量超过 120 家。从事节能服务业务的新三板挂牌企业接近 200 家。从专业技术人员比例上看，专业技术人员的比例逐年提高，节能队伍的整体素质有所提升。

总的来看，我国节能服务外包产业在过去十多年获得了飞速发展。遗憾的是，当前我国节能服务外包的关系质量不高，不公平、不信任等负面情感蔓延，不仅增加了节能服务的运行成本、交易成本，降低了节能服务外包绩效，有时甚至直接导致了节能服务合同的非正常终止。中国节能协会 2017 年的调研就指出，完善诚信体系是节能服务产业健康发展的关键因素之一。近年来，在构建企业诚信体系方面开展了大量工作，也取得了一些成效，但是企业的诚信意识和信用水平仍然有待提高。因此，节能服务外包的关系治理问题已经严重制约了我国节能服务的发展，不利于实现建设"美丽中国"的宏观目标，优化节能服务外包关系的治理机制已刻不容缓。

三、中国节能服务外包的模式

合同能源管理是各国节能服务外包的主要模式，其具体模式有多种，包括节能效益分享型、节能量保证型、能源费用托管型、改造工程施工型、能源管理服务型，甚至以节能效益和能源费用为计价的 BOT、PPP 等模式。

（1）节能效益分享型

此种模式是在节能改造项目合同期内，由节能服务公司与企业双方共同确认节能效率之后，双方按比例来分享节能效益。节能服务必须确保在项目合同期内收回其项目成本以及利润。项目合同结束后，先进高效节能设备无偿移交给企业使用，企业享有以后产生的全部节能收益。该模式适用于诚信度很高的企业。

（2）节能量保证支付型

此种模式是在项目合同期内，节能服务公司向企业承诺某一比例的节能量，用于支付工程成本，而达不到承诺的节能量的部分将由节能服务公司自己负担；超出承诺节能量的部分双方分享，直到节能服务公司收回全部节能项目投资。项目合同结束，先进高效的节能设备无偿移交给企业使用，企业享有以后产生的全部节能收益。该模式适用于诚信度较高、节能意识一般的企业。

（3）能源费用托管型

此种模式是指由节能服务公司负责改造企业的高耗能设备，并管理其新建的用能设备。节能服务公司向客户提供能源系统管理和改造服务，承包能源费用和运行费用；承诺为客户实施节能改造并规定节能效果；双方的经济利益来自提高能源管理水平和节能改造产生的节能效益；合同规定能源管理和改造服务标准及其检测和确认方法。如果节能服务公司没有达到合同规定的服务标准和节能效果，应赔偿客户的相应损失。项目合同结束后，先进高效节能设备无偿移交给企业使用，以后所产生的节能收益全归企业享有。该模式适用于诚信度较低、没有节能意识的企业。

（4）改造工程施工型

企业委托节能服务公司做能源审计，节能整体方案设计、节能改造工程施工，按普通工程施工的方式，支付工程前的预付款、工程中的进度款和工程后的竣工款。该模式适用于节能意识很强、懂得节能技术与节能效益的企业。运用该模式的节能服务公司的效益是最低的，因为合同规定不能分享项目节能的巨大效益。这种模式的风险主要在实施节能工程改造的企业，因此对节能服务公司的要求非常高。市场上往往有一些企业在某一项节能技术上有优势，但其他的配套技术不能满足用户需求。因此，目前采用这种模式的企业还不多，但随着市场竞争的发展，节能服务企业最终会采取这种模式进行全方位服务。

（5）能源管理服务型

此种模式是指企业委托节能服务公司进行能源规划，给予整体节能方案设计、节能改造工程施工和节能设备安装调试。节能服务公司不仅提供节能改造业务，还提供能源管理业务。在节能设备运行期内，节能服务公司通过能源管理服务获取合理的利益，而企业获得因先进节能设备能耗降低而降低的成本和费用。能源管理的服务模式有两种形态：能源费用比例承包方式和用能设备分类收费方式。

目前来看，由于政府对节能效益分享型给予税收优惠，该模式仍是节能服务外包的主流模式。但是，节能效益分享模式主要适用于诚信度很高的企业，诚信问题是制约这种模式发展的最重要因素，也是制约该模式发展的最大障碍。能源费用托管型模式有逐年增多的趋势，尤其是在建筑领域和公共设施领域。

第二节　节能服务外包关系研究综述

当前节能服务外包关系的国内外相关研究主要集中在以下三个方面。

（1）节能服务外包关系产生的原因

代表性的观点有：集中精力于核心业务、降低运营成本、转移风险（Sorrell，2005）、利用节能服务公司的专长和经验、进行业务转型、通过外包商的网络获得市场进入和业务的机会、与卓越的外包商建立关系以提高可信度和公司形象等（Steven，2007）。用能企业的节能服务外包决策受资产专用性、不确定性、交易频率、机会主义、业务复杂性和市场竞争性等六个因素的影响（田小平，2011）。

（2）节能服务外包关系的治理机制

代表性观点有：

① 外包双方之间通过建立信任，能降低外包交易成本和契约风险（Kostka 和 Shin，2013；申钦鸣，柯珍雅，2016）。

② 节能服务外包双方需要建立稳定的伙伴关系，做出各种伙伴关系的安排，如允许合同随着情况的变换而修订，对合同进行定期修订；甚至是双方不签订节能协议，而是成立合作企业，共同负责能源设备的供给、安装、运营和更新（Yik 和 lee，2004）。

③ 对于建筑节能服务外包这种高不确定、高频率的交易，应运用双边治理机制来治理（Joseph 等，2006）。

（3）节能服务外包绩效的影响因素

代表性的观点主要有：

① 能源设备运行与管理中的默会知识会影响节能服务外包关系绩效（Jennifer，2010）。

② 节能服务外包中与节能无关的利益需求，如生产率、生产安全、社会形象等。这些与节能无关的利益在外包合同中并未写明，但若节能服务公司没有理解、不去实现，就会影响节能服务外包的绩效。

③ 外包双方对工作范围的界定，合同的严谨性、规范性，客户对合同的理解等因素（Joseph 等，2006）。

④ 节能服务公司的合约安排——现销、融资租赁、售后回租，以及合同能源管理会对节能项目的实施效果产生显著差异（沈超红等，2010；杨锋，何慕佳，梁樑，2015）。

⑤ 节能服务外包中较高的交易成本。由于缺乏节能服务公司资质认证的法规，节能服务公司服务能力良莠不齐，增加了节能服务外包交易成本（王宇露，2014；陈剑，2015），影响了节能服务外包的绩效。中国的节能服务公司主要是小型私营企业，由于无法嵌入地方商业、社会及政治关系网络，它们在信任构建上表现不佳。在市场制度尚在发展、仍然不够成熟的情况下，节能服务公司与其顾客间的信任关系对节能项目的成功实施必不可少（申钦鸣，柯珍雅，2016）①。

考虑到学术界对节能服务外包这种新兴外包类型的研究较少，我们综述了研究更为成熟的 IT 服务外包等，发现服务外包关系治理的研究存在以下趋势。

（1）从合同治理到关系契约治理，再到心理契约治理

早期的研究注重于外包关系中的合同治理。在认识到合同的不完全、外包关系的复杂性后，学者们开始提倡建立战略伙伴关系来治理（Willcocks 和 Kern，1998），运用网络治理机制（Gercek 等，2016）等。Sabherwal（1999）较早提出，大部分组织间关系不仅涉及合同，还涉及心理契约。遗憾的是，他并未探究心理契约的内容及其治理作用。Koh 等（2004）总结了 IT 外包中客户与服务商心理契约的内容，并检验了心理契约与 IT 外包成功的关系。Mikael（2012）建立了心理契约影响工业买卖关系中情感承诺的概念模型。

（2）从单一方式治理到多种方式协同治理

早期的研究认为合同治理和关系契约治理是两种互斥治理方式。而 Poppo 和 Zenger（2002）发现了两者的互补关系，Goo 等（2009）进一步考察了这种互补关系的动态性。Miranda 和 Kavan（2005）研究了合同和心理契约在 IT 外包中的治理时机，以及合同对心理契约的影响。Qi 和 Chau（2012），Rai 等（2012）探讨了合同、关系和外包成功间的关系。Lioliou 等（2014）研究了心理契约在外包关系治理中，与正式治理机制和关系治理机制的互补作用。

（3）从发包方视角到双边视角，从宏观层面到微观层面

大部分对服务外包的研究都从发包方的视角开展，有少部分探讨接包方的战略与核心能力的研究是从宏观、产业层面的视角来展开的。从发包和接包双方的视角开展的研究很少，只有（Sabherwal，1999；Song 等，2000，Carmen 等，2015）等少数学者。部分学者（如 Kim 和 Chung，2003）认为服务商的能力

---

①申钦鸣,柯珍雅.探寻合适的治理模式:信任与社会关系网络在中国节能服务公司发展过程中的作用[J].经济社会体制比较,2016(3):40-51.

是 IT 外包成功实施的最关键因素，但他们只是将其作为控制变量。对外包管理能力的内涵与维度进行研究的成果主要有：Shi 等（2005）从发包方视角对 IT 外包管理能力的维度研究发现，其包括信息充分情况下的购买能力（informed buying）、契约管理能力、关系管理能力三个维度。Qi 和 Chau（2012）从发包方的视角，通过描述性的案例研究方法探讨了契约维度（包括契约复杂性和契约管理）、关系维度（包括信任、承诺、知识共享和沟通质量）和 IT 外包成功（战略利益、经济利益和技术利益）三者间的相关关系，发现契约维度是关系维度的基础，契约维度和关系维度都对外包关系的成功有正面影响。

总的来看，当前节能服务外包关系的相关研究多集中于外包关系的合同治理，少数学者分析了关系契约治理的效应；多从组织间关系和外包一方的视角来展开研究，关注交易特征对关系治理的影响。对于关系治理中的能力因素、心理契约、各种治理方式的互动等问题缺乏深入研究。

虽然学者们对 IT 服务外包等其他服务外包关系治理的研究比节能服务外包更为深入，但仍存在如下不足。

① 多注重交易特征对治理机制的影响，忽视外包管理能力与治理机制的关系。

② 多注重合同和关系契约治理，提出了心理契约治理，但没有揭示影响外包心理契约形成、演化的因素，也没有揭示个人–组织间层面的心理契约治理与组织间层面的合同治理、关系契约治理之间的互动机制，及其对外包绩效的影响。

③ 多从接包方或发包方视角出发，以单边数据来研究双边关系，缺少双边对偶数据的实证分析。

第三节　节能服务外包关系的治理困境与治理方式

一、节能服务外包关系治理的困境

我们对节能服务外包商的调研发现，节能服务外包有着三个不同于其他服务外包的重要特性，这些特性对节能服务关系的治理带来了新的要求。

（1）节能服务外包中普遍存在隐含的心理契约

心理契约是用来描述员工与其管理者之间隐性契约关系的一个概念。1960年，Argyris 首先使用"心理工作契约（psychological work contract）"来描述工厂中工人和工头之间的关系。许多学者都将心理契约理解为员工与组织之间交换关系的隐性模式，如未书面化的契约（unwritten contract）、内隐契约（implicit contract）或者期望（expectation）等，即对组织与员工相互之间责任和义务的期望。我们认为，心理契约是员工出于对组织政策、实践和文化的理解和各级组织代理人做出的各种形式承诺的感知而产生的，对其与组织之间的、并不一定被组织各级代理人所明确意识到的相互义务的一系列信念。

在组织间关系的研究中，Pavlou 和 Gefen（2005），Kingshott（2006，2007）、Lovblad 和 Bantekas（2010）都证明了组织间的买卖关系间存在心理契约，但这些研究没有揭示心理契约对组织间买卖关系的具体影响。Mikael（2012）则建立了心理契约对工业买卖关系中的情感承诺影响的概念模型。节能服务外包更容易形成关于彼此责任和义务的主观期望——心理契约。一方面，节能服务外包在用能企业处实施，接包方期待用能企业修改经营管理制度与流程以配合节能改造、无保留地提供用能信息。另一方面，不少用能企业存在节能之外的其他隐形利益需求，如生产率、生产安全、社会形象、知识转移等。外包双方的这些需求可能在合同中并未写明，但却会影响外包绩效。因此，节能服务外包必须重视心理契约治理。

节能服务外包的心理契约具有以下特点。一是主观性。心理契约形成是一个主观知觉的过程，不同组织对心理契约的认同和违背存在差异，具有主观倾向性。而且心理契约的形成也不是通过文字、书面的方式达成的，而是节能服务外包双方对彼此义务和责任的隐含的理解。二是动态性。任何契约都是一定环境、条件下的产物。当这种环境、条件发生变化时，契约也随之发生变化。随着社会环境的变迁、技术的革新、组织的成长，心理契约也将进行不断变更和修改。三是互惠性。心理契约这一概念是在社会交换理论的基础上提出来的，它的基本假设是：组织与员工之间是一种互惠互利的相互关系，双方均需要有一定的付出，也需要得到一定的收益。虽然这种交换不像经济交换那样依赖于明确而具体的规定，但人们在内心中会以社会规范和价值观为基础进行相应的衡量和对比。在这里，责任是社会交换中的基本要素，当相互的责任对等时，可以维持一种长久、稳定、积极的关系，如果一方觉得自己的付出没有得到应有的回报，则必然会对相互关系造成消极的影响。当然，这种交换不仅仅局限在明确的、经济利益方面的交换。可见，节能服务外包心理契约是以互惠互利为基础，以相互影响为特征的信念的集合。

节能服务外包关系是一种社会交换和经济交换的融合体。节能服务双方之间会形成一种心理契约，节能服务外包心理契约分为交易型心理契约和关系型心理契约两种。当然，交易型心理契约和关系型心理契约并没有明确的界限，我们可以将之看作一个连续体。这个连续体的一端是节能服务合同，然后是未出现在正式的合同中，但被社会公众认为节能服务方应承担的义务或责任，另一端是不明确和未成文的领域，如节能服务双方之间的情感交流。如果节能服务外包心理契约是经济性的关系占主要地位，那么就是交易型心理契约，如果是社会交换占主要地位，那么就是关系型心理契约。

（2）节能服务外包关系是一种涉及项目组成员、成员间和外包企业间的多层面关系

尽管 Klein（2000）等学者承认，组织间关系是一个涉及个人、组织、组织网络、产业等多个层面的问题，但目前大多数组织间关系的研究都集中于组织层面，很少有研究关注个人层面。然而，组织间关系的出现和发展实际上是个人活动的结果（Ring，Andrew 和 Van de Ven，1994）[1]。正因为如此，Lacity 和 Willcocks（1998）[2]提出的，在 IT 外包领域，迫切需要通过研究外包各组织内的个体间关系来理解组织间的关系。

我们认为，项目组成员、外包双方的节能项目主管领导等成员以及成员之间的经济社会关系组成了节能服务外包的关系网络。在外包关系网络中，很多时候，项目组成员间的关系从正式的角色关系开始，随着项目的逐步推进，人际关系开始形成。但是，正式的角色关系仍然会维持，并且仍然会作为指导个人行动的重要依据。因此，项目组成员间因为工作互动形成的正式角色关系（role relationship）以及因为人际互动形成的人际关系（interpersonal relationship）往往交织在一起，难以完全分开（Ashforth 等，2000；Kern 和 Blois，2002）。在节能服务中，外包双方的项目经理具有较大的决策权，往往会代表企业履行责任和义务。项目经理对另一方心理契约履行情况的感知会影响其情感、承诺，并通过外包网络关系传递，进而影响组织间层面的关系治理方式，甚至是关系的终止或持续。

（3）外包关系治理方式的有效性依赖于双方的外包管理能力

比如，合同的管理与双方的信息处理能力密切相关，关系契约的有效治理依赖于关系管理能力，心理契约的有效治理依赖于情感管理等能力。因此，外包管理能力是影响治理效果的重要因素。

我们认为，造成当前我国节能服务外包发展困境的原因在于：

① 外包双方忽视彼此隐含的责任和义务，造成了心理契约违背，降低了外包绩效。

② 由于双方对彼此外包管理能力的忽视以及外包管理能力的不足，导致了治理方式选择不当，以及治理效果不佳。遗憾的是，当前研究对于关系治理

---

[1]Ring P S, Andrew H, Ven A H V D.Developmental processes of cooperative interorganizational relationships[J]. Academy of Management Review,1994,19(1)90-118.

[2]Lacity M C, Willcocks L P.An empirical investigation of information technology sourcing practices:lessons from experience[J].Management Information System Quarterly,1998,22(3):363-408.

中的能力因素、心理契约，各种治理方式的互动等问题缺乏研究。

由此，本研究拟按以下思路切入：

① 从研究内容上看，我们从节能服务外包关系的多层性以及关系治理的多维性（即心理——经济——社会三个维度）切入，揭示节能服务外包关系的多元治理机制构成与治理领域（如表4-3所示），综合能力理论与交易成本理论解释外包管理能力、交易特征等因素对多元治理机制的形成、演化的影响，阐明多元治理机制对外包绩效的影响机理。

表4-3   节能服务外包的多元治理方式

	心理维度的治理	经济维度的治理	社会维度的治理
项目组成员与 另一方企业间的关系	心理契约治理		
外包企业间的关系		合同治理	关系契约治理

② 从研究视角看，我们从社会网络的视角切入，阐明合同治理、关系契约治理和心理契约治理之间的互动关系，以及对外包绩效的影响。本研究将社会网络理论作为一种中层理论，在界定外包项目经理嵌入的外包关系网络基础上，揭示不同网络结构下，信息、情感、承诺等因素如何通过网络关系在个人层面和组织间层面之间传递，从而实现三种治理方式的互动。

③ 从研究方法看，我们综合采用非结构化访谈、问卷调查等采集数据，并在部分变量上收集对偶数据。以发包方或接包方的单边数据难以准确反映双边关系的质量，并存在同源误差。本研究采用的追踪调研和配对研究能更准确反映与检验节能服务外包关系及其动态变化。

二、节能服务外包的多元治理方式构成

传统的观点认为正式契约实际上会削弱信任而滋生机会主义行为，正式契约和关系契约是两种互相替代的治理机制。然而，除了正式的基于结果的治理机制外，基于行为的治理机制或者说是非正式关系规范也经常被作为组织间管理的结构（Behrens，2006）。在持续的合作中，信任、承诺、公平、灵活性等非正式规范会得以形成。这样的非正式治理在战略联盟或共同服务发展结构中是合适的治理方式，因为这些安排在很大程度上依赖于承诺和超出契约条款的非正式结构。越来越多的学者认识到，合同治理和关系契约治理是两种互补和替代的关系。也就是说，这两种治理机制间既可以弥补彼此的不足，又可以从

功能上进行相互抑制从而替代（Woolthuis 等，2005；Tiwana，2010[1]）。L. Poppo 和 T. Zenger（2002）[2]提出并检验了正式契约和关系治理的互补关系。Jahyun Goo（2009）进一步研究了在 IT 服务外包中，正式契约的哪些条款会有助于关系治理。他们的研究发现，关系治理属性（关系规范、冲突的友好解决、相互依赖）在正式契约特征（基础特征、交易特征、治理特征）对信任和承诺的影响中起着中介作用。IT 服务外包的正式合约与关系治理间存在互补关系。这一结论得到了 Qi 和 Chau（2012）[3]等学者的研究支持。

　　节能服务的以下特征使其必须综合采取合同治理和关系契约治理。首先，节能服务具有高不确定性，客户由于担心风险对节能项目不敢承诺太多。加之中国仍处于经济转型阶段，尚未建立强大的信用系统，使得节能服务公司难以和客户签订较为完备的合同。其次，在节能服务过程中，节能服务公司与客户的付出和获得处于不同的时间节点，往往是节能服务公司先提供节能设备与节能融资、进行节能系统建设与改造，在产生节能效益后才能获得回报。而客户先获得节能收益，后支付节能成本。在持续较长时间的服务周期中，节能服务公司与客户需要建立稳固的合作关系，降低不确定性。再次，节能服务绩效衡量非常复杂，不少客户存在节能之外的其他隐形利益需求，并且，这些利益需求往往未在书面合同中明示。而交易伙伴的网络使得社区执行的合约条款能为外包关系提供保护，而这是传统的正式或关系治理所不能提供的。

　　我们认为，从关系治理角度分析，影响我国节能服务外包绩效的因素可归纳为多个层面：节能服务项目组成员之间的关系，项目组成员与另一方企业间的关系，以及节能服务各企业间的关系。对这些层面的关系可从多个维度进行治理，分别有心理契约治理、合同治理、关系契约治理等三种治理方式（具体的理论模型如图 4-1 所示）。当然，这种三种治理方式在治理节能服务关系的内容、方式等方面都有所差异。

　　从治理内容上看，合同、关系契约、心理契约分别从经济、社会、心理等三个维度来治理节能服务外包关系，以降低交易成本。威廉姆森（1981）从人的因素、与特定交易有关的因素和交易的市场环境因素三个方面对交易成本决定因素进行了分析。其中，人的因素包括有限理性和机会主义行为；与特定交易有关的因素包括资产专用性、不确定性和交易频率；交易的市场环境是指潜

①Tiwana A.Systems development ambidexterity：explaining the complementary and substitutive roles of formal and infromal controls［J］.Journal of Management Information Systems，2010，27（2）：87-126.

②Poppo L，Zenger T.Do formal contacts and relational governance function as substitutes or complements［J］. Strategic Management Journal，2002，23（8）：707-725.

③Qi C，Chau P Y K.Relationship，contrat and IT outsourcing success：evidence from two descriptive case studies ［J］.Decision Support Systems，2012，16（5）：859-869.

在的交易对手的数量。

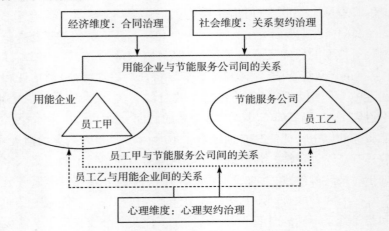

图 4-1 节能服务外包关系的多元治理方式

在威廉姆森指出的影响交易成本的三个因素中，治理方式能影响的主要是资产专用性。交易成本理论认为，资产专用性是影响交易成本的重要因素。威廉姆森提出了五种资产专用性：地理区位的专用性（site specificity）、人力资产的专用性（human asset specificity）、物理资产专用性（physical asset specificity）、完全为特定协约服务的资产专用性（devoted assets specificity）以及品牌资产的专用性（brand asset specificity）。我们认为，这些资产专用性都是可以感知的，也是合同和关系契约的治理重点。然而，在外包关系中，双方基于合作历史、另一方的能力、利益博弈、议价能力等方面研判，从而产生心理认同，进而付出情感，产生情感资产专用性。我们认为，情感也是一种资产，并且是一种专用性资产。这种资产专用性隐含在各方的心理层面，并对其他资产专用性的进一步加深产生影响。

从治理方式看，心理契约治理与合同治理、关系契约治理也有所不同。我们可从是通过经济要素还是通过社会要素方式来治理，即"经济要素-社会要素"，以及治理方式的"易感知性-不易感知性"两个维度刻画多元治理方式的差异。图 4-2 表明，合同治理主要是通过易感知的经济要素（如合同的条款）来治理节能服务外包关系，关系契约治理主要是通过易感知的社会要素（如共同解决问题、信任等关系规范）来治理节能服务外包关系，而心理契约（包括交易型心理契约和关系型心理契约）治理则通过隐含在交易者心理层面的不易感知的交易型心理契约和关系型心理契约来治理节能服务外包关系。

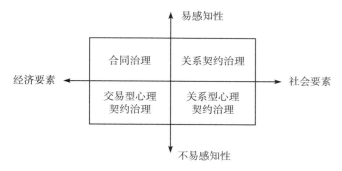

图 4-2　节能服务外包多元治理方式的比较

第四节　节能服务外包关系多元治理方式的形成

在揭示出节能服务外包关系治理的三种机制后，下面将重点探讨三种治理方式的形成时间、形成机理，并建立理论模型，提出相应的理论假设。

一、节能服务外包三种治理方式的形成时间

节能服务外包项目的整个周期大致可分为以下阶段：能源审计——可行性研究——合同签订——项目设计——设备和材料采购——工程施工——节能量监测——培训、交付。从外包的整个项目周期来看，合同治理方式在合同签订时已经形成。当然，在合同签订后项目实施过程中的各个阶段，合同中的部分条款有可能发生变更。

关系契约治理方式则是在节能服务外包项目执行之前就已经基本形成，并在项目执行过程中得到进一步巩固。在节能服务外包项目开展过程中，随着项目组成员间互动的增多和深化，项目组成员对其他成员的能力、工作风格有了更深的了解。由于在外包项目实施中，各个成员之间会彼此模仿，以使自身成为网络中合法（legitimate）的一员。因此，随着外包成员间互动的增多，项目组成员之间的行为变得越来越相似，形成了特定的交换模式，产生了共享的行为期望。此时，项目组成员之间形成了一致的集体心智模式。集体心智模式就是指项目组成员间被共享的总体的认知模式，是成员共享的关于项目如何运行，如何解释自身和其他成员的行为的认知方式。集体心智模式将项目组成员的行为制度化，通过创造关于成员企业结构、实践、战略、行为等的意义和正确性的共同信条，在项目组内创造了一种行为规则，有利于缓解不稳定的竞争，促进合作行为，从而发展出网络层次的"组织间惯例"（Von Hippel，1988；

Dyer 和 Nobeoka，2000；Kogut，2000）。节能服务外包中的心理契约的形成则贯穿了节能服务外包的整个过程。具体来看，合同签订前对交换关系的谈判是形成心理契约的基础。这是因为双方在谈判时的显性或隐性承诺将是另一方形成心理期待的重要因素。而节能服务外包的项目设计、采购、施工以及监测等过程中的沟通则使得心理契约进一步清晰化或者被外包双方重新理解。因此，心理契约的形成贯穿了节能服务外包项目的整个周期。

二、节能服务外包三种治理方式的形成机理

前人主要关注交易特征对合同治理方式以及关系契约治理方式形成的影响。我们认为，交易特征也会影响心理契约治理方式的形成，并且，节能服务外包双方的外包管理能力会调节交易特征与治理方式形成的关系。此外，合同治理方式和关系契约治理方式的形成，会通过节能服务网络结构，影响心理契约治理方式的形成。由此，我们提出了如图4-3所示的节能服务外包关系的多元治理方式形成模型。

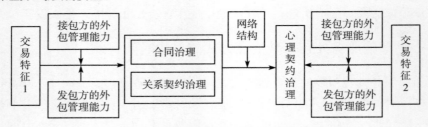

图4-3 节能服务外包关系的多元治理方式形成模型

（1）交易特征对多元治理方式形成的影响机理

在合同治理和关系契约治理方式的形成过程中，节能服务与用能企业核心能力的接近性、用能企业的节能主动性等交易特征会直接影响合同治理和关系契约治理的形成。首先，节能服务与用能企业的核心能力越接近，用能企业就会越重视能源管理系统的改造、升级，以降低生产经营成本，从而推动节能服务合同的形成。其次，用能企业的节能主动性越强，如企业高管团队具有节能意识，企业的社会责任感较强，都会驱使企业与节能服务公司进行接触，形成节能服务合同。而在心理契约治理方式的形成过程中，外包双方谈判时的预期等交易特征对心理契约治理形成有着直接作用。外包双方谈判时形成的预期会影响彼此对另一方的权力、责任的感知。如果外包双方谈判时的预期过高，将不利于心理契约治理方式的形成。

（2）外包管理能力在交易特征与多元治理方式形成间的调节作用

我们对中国多个节能服务案例的考察发现，在节能服务外包的治理方式形

成中，发包方和接包方的外包管理能力会对交易特征与契约形成的影响产生调节作用。以酒钢集团为例，在第一个节能服务项目开展时，合同虽然签了，但执行起来却困难重重。表现在：节能服务项目的顺利实施需要用能企业与节能服务有关的管理者和员工对节能服务的价值、流程与关键点有一定的认知，需要用能企业建立行之有效的管理制度。在酒钢，最初就出现过这样因为财务制度问题，导致节能服务款无法支付的问题。节能服务带来了能源成本的降低。按照财务制度，由降低生产成本而产生的支付给节能服务公司的款项理当从成本里支付。但是按照酒钢当时的管理制度，没有一项能行得通，财务部门不知道如何支付费用。之后，酒钢制订了《酒钢集团公司合同能源管理办法》，对节能服务项目的布局、论证、谈判、签约管理、施工以及运行过程中的协调工作等都进行了规范，以确保项目的顺利建设和运行，以及用能单位的积极配合。因此，发包方和接包方的外包管理能力是影响节能服务能否顺利开展的重要因素。McFarlan（1995）[1]，Ketler（1993）[2]提出，服务商的能力可能是信息技术外包成功实施的最关键因素。Sung Kim 和 Young-soo Chung（2003）等学者在研究关系交换特征和任务特征对信息技术外包关系成功的影响时，将服务商的能力作为控制变量。遗憾的是，学者们尚未分析服务商的能力对外包关系成功的影响机理。我们认为，发包方的外包管理能力包括信息处理、知识吸收、合同管理、关系管理、情感管理等要素。接包方的外包管理能力包括信息处理、流程再造、合同管理、关系管理、情感管理等要素。首先，节能服务外包项目的整个过程都需要节能服务公司和用能单位的密切合作。因此，发包方和接包方的信息处理能力、关系管理能力都非常关键。其次，在节能服务外包的实施中，节能服务公司需要对用能企业的能源管理体系进行改造，并由此带来能源费用的减少。用能企业需要对生产流程、财务流程等进行再造。用能企业根据节能服务外包项目的实际修订管理制度、再造流程的能力对于外包项目的顺利实施也非常关键。

（3）合同治理、关系契约治理对心理契约治理形成的影响

外包项目经理嵌入由项目组成员、项目组之外的外包双方节能服务人员，以及彼此之间的经济社会关系组成的外包关系网络。按照新经济社会学的社会嵌入思想，外包项目经理是受关系和网络中的其他成员影响的结点，外包项目经理的行为会受到其在社会关系网络中的关系、位置，以及社会关系网络整体

①McFarlan F W，Nolan R L.How to manage an IT outsourcing alliance[J].Social Management Review，1995，11（4）：9-23.

②Ketler K，Walstrom J.The outsourcing decision[J].International Journal of Information Management，1993，13（1）：449-459.

结构的影响。从对嵌入的系统描述维度或嵌入的操作维度，可把各种嵌入分为关系嵌入和结构嵌入。关系嵌入是研究二元关系的结构特征，而结构嵌入是分析网络的整体构造对其行为的影响（王宇露，2008）。我们可以从外包项目经理与项目组成员之间的关系嵌入强度，外包关系网络的密度、闭合性等角度分析外包关系网络的结构。在不同的网络结构下，组织间层面的合同履行、组织承诺等因素如何通过网络关系影响项目经理感知的另一方心理契约履行情况，合同治理和关系契约治理由此会对心理契约治理的形成产生影响。

第五节　结论与启示

本研究发现，节能服务外包关系需要建立包括合同治理、关系契约治理和心理契约治理等三种方式的多元治理方式。在文献述评和理论分析的基础上，本书提出了一系列较有意义的理论假设：

① 节能服务与用能企业的核心能力越接近，合同治理和关系契约治理越可能形成；

② 用能企业的节能主动性越强，合同治理和关系契约治理越可能形成；

③ 外包双方谈判时的预期越高，心理契约治理越难以形成；

④ 外包双方的外包管理能力会正向调节交易特征与多元治理方式间的关系；

⑤ 外包关系网络的关系嵌入、位置嵌入和结构嵌入会正向调节合同治理形成与心理契约治理形成间的关系；

⑥ 外包关系网络的关系嵌入、位置嵌入和结构嵌入会正向调节关系契约治理形成与心理契约治理形成间的关系。

未来，我们可以建立实证模型，开展追踪调研，获得实证研究所需的数据，检验所提的假设。

本书的研究对我国节能服务外包关系治理带来了一些有意义的启示：首先，在节能服务外包中，针对影响节能服务项目实施的经济、社会和心理因素，综合运用合同治理、关系契约治理、心理契约治理等多元方式，提高节能服务外包的绩效。其次，在节能服务外包中，需要重视外包双方的心理契约治理方式。在节能服务项目前期，外包双方要给予具有实现可能的承诺，避免双方预期过高。最后，在节能服务项目实施过程中，要重视合同、关系契约对心理契约治理方式形成的影响，改善项目组人际关系，加强员工情感管理，防止心理契约违背。

第 五 章

企业节能服务外包关系的治理机制与外包绩效研究

第四章在梳理节能服务外包现状的基础上，归纳了节能服务外包关系治理面临的困境，并揭示了节能服务外包关系的多元治理方式，分析了节能服务外包多元治理方式的形成机理。本章延续第四章的分析，进一步研究节能服务外包关系治理机制对外包绩效的影响，揭示关系治理机制的作用发挥机理，追踪调研样本企业，收集数据进行实证。

第一节 节能服务外包关系治理机制对外包绩效的影响机理模型

从关系治理角度分析，影响我国节能服务外包绩效的因素可归纳为多个层面：节能服务项目组成员之间的关系，项目组成员与另一方企业间的关系，以及节能服务各企业间的关系。对这些层面的关系可从多个维度进行治理，分别有心理契约治理、合同治理、关系契约治理等三种方式。由此，我们构建了如图5-1所示的理论模型，具体研究以下机制。

① 三种治理方式对外包绩效的直接作用。

② 外包双方的外包管理能力在三种治理方式与外包绩效关系间的调节作用。

③ 三种治理方式对外包绩效影响中的中介作用，包括：组织间承诺、交易风险在合同治理、关系契约治理与外包绩效间的中介作用；项目经理的情感承诺和知识共享态度在心理契约治理与外包绩效间的中介作用；

④ 不同的外包关系网络结构下，项目经理的情感承诺、知识共享态度如何影响组织间承诺、交易风险，进而影响外包绩效。

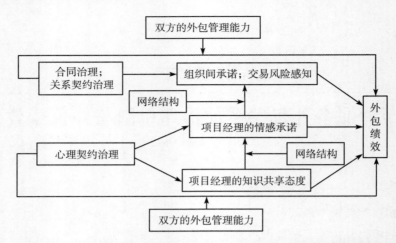

图 5-1　节能服务外包关系的治理机制对外包绩效的影响机理模型

一、节能服务外包关系的三种治理方式对外包绩效的直接作用

　　节能服务外包项目的本质是一种临时性契约组织，需要缔结契约来对其进行有效治理。根据契约理论，节能服务外包在履行过程中，会面临资产专用性、衡量困难、技术不确定性等三大不确定性，由此产生了交易风险，并使得节能服务合同的履行变得更为复杂。由于外包关系的复杂性，以及技术和组织环境的迅速变化，外包研究学者们已经认识到，仅仅依靠正式契约来治理外包关系是不够的（Jahner 等，2006[①]；Koh 等，2004[②]），并且合约往往是不完全的。此外，当客户没有意识到服务提供商在合约中使用的技术术语时，合约就成为导致误解的根源。

　　社会网络理论认为，组织间交易（尤其是那些重复的交易）通常是嵌入在社会关系中。与正式契约相比，基于社会关系中的价值观和认同过程的治理，能最小化交易成本（Dyer，1996；Dyer 和 Singh，1998）。节能服务公司与用能企业之间在项目合作中，逐步建立起关系规范。当面对各种不确定性时，关系规范能够对交易双方的行为产生约束，减少机会主义行为的发生，同时还能促进双方在面临各种不确定性所带来的困境时共同协作、联手解决问题，甚至共同承担由于不确定性带来的损失。因此，关系契约治理也能有助于提升节能服

---

①Jahner S，Böhmann T，Krcmar H. Anticipating and considering customers' flexibility demands in IS outsourcing relationships[C]//Proceedings of the 14th European Conference on Information Systems，Göteborg，Sweden，2006.

②Koh C，Ang S，Straub D W. IT outsourcing success：a psychological contract perspective[J]. Information Systems Research，2004，15(4)：356-373.

务外包的绩效。

组织行为学研究指出，心理契约与信任是一种正相关关系，心理契约支持了良好的信任。一方面，信任来自对交换伙伴可信性的判断，它建立在对另一方行为的感知一致性以及另一方行为与其言语一致性基础上（Mayer，Davis 和 Schoorman 1995）。实际上，信任的形成具有认知性及情感性的基础（McAllister，1995），无论是施信方在交换过程中对受信方可信性证据的认知及评估，或是对受信方善意的感觉及其所产生的情绪反应，都是通过一系列的心理活动完成的。个人的情感状态会影响对受信方可信任性的判断（Jones 和 George，1998），如果只有情感而没有理性，信任就成了盲目的信任，反之如果只有理性没有情感，则信任就变成了计算和预测，因此信任通常是情感和理性的混合体，只是这两种元素所占的比例会随着环境的改变而不同（Lewis 和 Weigert，1985）。Parker 和 Russell（2004）①对欧盟一家金融业跨国公司的 IT 外包案例的探索性研究发现，当母公司的 IT 业务部门独立经营后，会影响子公司与母公司之间的心理契约，进而影响彼此之间的关系和行为，最终影响外包的成功。综上分析，可以提出如下研究假设：

H1：节能服务外包关系的合同治理与外包绩效存在显著的正向关系

H2：节能服务外包关系的关系契约治理与外包绩效存在显著的正向关系

H3：节能服务外包关系的心理契约治理与外包绩效存在显著的正向关系

二、三种治理方式对外包绩效影响中的中介作用

（一）组织间承诺、交易风险感知在合同治理与外包绩效间的中介作用

交易风险感知概念源自心理学中的"感知风险"（Perceived Risk）一词。Bauer（1960）认为，感知风险是从心理学延伸出来研究消费者的行为。Cox（1967）继 Bauer（1960）的研究之后将感知风险的概念予以具体化的说明。他认为，感知风险理论的研究，其基本假设在于消费者的行为是目标导向的，在每一次购买时，都有一组购买目标。当消费者主观上不能确定何种消费（地点、产品、品牌、式样、大小、颜色等）最能配合或满足其目标，即产生了感知风险。或者，是在购买行为发生后，结果不能达到预期的目标时，所可能产生的不利后果，也产生了感知风险。之后，Jacoby 和 Kaplan（1972），Tarpey（1975），Gronhaung（1993）等学者研究了消费者感知风险所包含的要素或维度，大部分都认为消费者感知风险包括以下六个维度：时间风险、功能风险、身体

---

①Parker D W，Russell K A.Outsourcing and inter/intra supply chain dynamics：strategic management issues［J］.
　Journal of Supply Chain Management，2004，40（4）：56-68.

风险、财务风险、社会风险和心理风险。本研究认为，交易风险感知是节能服务公司对节能服务外包交易的风险感知。主要包括时间风险、市场风险、财务风险、生产风险。时间风险是指因为节能服务达不到预期目标而对用能企业生产经营人员造成时间浪费带来的风险。市场风险是指因为节能服务达不到预期目标而影响用能企业市场占有率或客户满意度带来的风险。财务风险是指因为节能服务达不到预期目标而对用能企业的财务方面带来的风险。生产风险是指因为节能服务达不到预期目标而对用能企业生产系统正常运营带来的风险。

组织间承诺的概念源于组织行为学中的组织承诺①。组织承诺衡量了个体与组织间的情感状态，而组织间承诺则反映了相互联系的组织与组织之间的关系。组织间承诺的研究始于供应链伙伴间的关系承诺，研究重点经历了从关注行为到关注态度（心理）的演变。早期的学者们研究供应链伙伴间的关系承诺行为，认为专用资产投资等承诺行为有利于企业间长期关系的发展。后期的关系承诺研究中，大多数学者普遍研究心理上的承诺，而将口头、书面的承诺和承诺行为作为心理承诺的输出结果。组织间承诺的概念也朝着以态度承诺为主要构成的方向发展。对于组织间承诺的维度，学者们有着不同的看法，大致有三维度和两维度之分。三维度包括工具性维度、态度维度和时间维度（Gundlach，Achrol 和 Mentzer，1995）②，两维度包括工具性承诺和规范性承诺（Brwon，Lusch 和 Nicholson，1995），情感承诺和计算性承诺③，计算性承诺和忠诚性承诺④。其中 Geyskens 等（1996），Gilliland 和 Bello（2002）的概念应用较为广泛。本研究应用 Geyskens（1996）组织间承诺的结构划分，认为组织间承诺由计算性承诺和情感承诺两个维度构成。作为一种专业化服务，节能服务具有较高的资产专用性与不确定性（韩贯芳和闫乃福，2010）。具体来说，节能服务外包在履行过程中，会面临资产专用性、衡量困难、技术不确定性等三大不确定性。节能服务公司与用能企业的合同治理能有效防范节能服务外包中的不确定性，降低机会主义行为的产生，从而降低节能服务双方的交易风险感知，并增加节能服务公司与用能企业对节能服务外包的承诺。由此，我们提出如下假设：

①王熹,赵涛,徐碧琳.组织间承诺对网络组织效率的影响[J].现代财经,2012(11):120-129.

②Gundlach G T, Achrol R S, Mentzer J T. The structure of commitment in exchange[J].Jounal of Marketing, 1995,59(1):78-92.

③Geyskens I, Steenkamp J E M, Scheer L K, et al. The effects of trust and interdependence on relationship commitment[J].Research of Marketing,1996,13(2):303-317.

④Gilliland D I,Bello D C.Two sides to attitudinal commitment:the effect of calculative and loyalty comitment on enforcement mechanisms in distribution channels[J].Journal of the Academy of Marketing Science,2002,30(1):24-43.

H4：组织间承诺在合同治理对外包绩效的影响中存在中介作用

H5：交易风险感知在合同治理对外包绩效的影响中存在中介作用

（二）组织间承诺、交易风险感知在关系契约治理与外包绩效间的中介作用

在关系治理的交易中，义务、承诺和预期是通过社会过程来执行的，而这些社会过程又促进了灵活性的规范、团结（solidarity）的规范和信息交换的规范[①]。通过这些社会过程以及由此带来的规范，关系治理能减缓正式契约致力于的精确的交易风险——与交易特定资产投资相关的风险、衡量困难的风险和技术不确定性的风险。正是基于这些原因，以前对信息技术外包的大多数研究都将正式或关系治理模式作为治理外包关系的主导模式。Arun Rai（2009）[②]提出，信息交换、共同问题解决、信任、共享的文化规范和价值观是 IT 服务外包中社会嵌入的重要内容，它们有助于 IT 项目外包的成功。因此，在节能服务外包中，关系契约治理能够推动节能服务公司与用能企业对节能服务外包的承诺，降低节能服务双方的交易风险感知，从而间接对节能服务外包的绩效带来正面影响。由此，我们提出如下假设：

H6：组织间承诺在关系契约治理对外包绩效的影响中存在中介作用

H7：交易风险感知在关系契约治理对外包绩效的影响中存在中介作用

（三）项目经理的情感承诺、知识共享态度在心理契约治理与外包绩效间的中介作用

在外包关系中，双方对关系也会做出情感付出、信任付出，产生情感资产专用性（Poppo 和 Zenger，2002）[③]。威廉姆森曾分析过五种资产专用性，即地理区位的专用性（site specificity）、人力资产的专用性（human asset specificity）、物理资产的专用性（physical asset specificity）、完全为特定协约服务的资产的专用性（devoted assets specificity）以及名牌商标资产的专用性（brand asset specificity）。这些资产专用性都是经济资产专用性，而情感付出属于精神资产专用性。经济层面的资产专用性会影响经济契约履行中的交易成本，精神层面的资产专用性也会影响心理契约履行中的交易成本。知识共享是组织的员工或内外部团队在组织内部或跨组织之间，彼此通过各种渠道进行交换和讨论知识，其目的在于通过知识的交流扩大知识的利用价值并产生知识的效应。

---

①这是关系规范或规则的三个要素：灵活性或柔性、团结、信息交换。

②Rai A，Maruping L M，Venkatesh V. Offshore information systems project success［J］. Mis Quarterly，2009，33（3）：617-641.

③Poppo L，Zenger T. Do formal contacts and relational governance function as substitutes or complements［J］. Strategic Management Journal，2002，23（8）：707-725.

心理契约是一种情感承诺，是对交换伙伴更高程度的认同（Rousseau，1995）。Herriot（1996）等人的研究指出当关系心理契约被违背时，情绪扮演着重要的角色，包括失望和不信任感。因此，心理契约违背会使节能服务的参与者由于失望、沮丧等负面情绪而对彼此行为感到不满，降低了彼此的信任。心理契约是基于情感的，它有助于强化节能服务公司与用能企业之间的情感纽带，传递节能服务公司的善意性信号，进而促进和提高用能企业的善意性信任。项目经理作为双方企业的边界扫描者，一方面能够直接感受到节能服务双方的善意、情感，形成正面的情感和认知。另一方面也会作为节能服务双方企业层面决策的执行者，将各种善意性信任付诸实践。因此，我们认为，节能服务外包双方的心理契约，会提高项目经理的情感承诺，促进其知识共享态度，进而对外包绩效产生积极影响。基于以上分析，我们提出如下研究假设：

H8：项目经理的情感承诺在心理契约治理对外包绩效的影响中存在中介作用

H9：项目经理的知识共享态度在心理契约治理对外包绩效的影响中存在中介作用

三、网络结构在三种治理方式之间的调节作用

在节能服务外包过程中，节能服务外包企业与用能企业双方通常会派出人员组成项目组。节能服务项目组成员、项目组之外的外包双方节能服务人员，以及彼此之间的经济社会关系组成了一个外包关系网络。外包关系网络的结构会影响三种治理方式的互动，进而对外包绩效带来影响。Kiron 等（2009）[1]的研究就指出，以前对信息技术外包的大多数研究都将正式或关系治理模式作为治理外包关系的主导模式。然而，这两种治理模式的成功取决于严格的假设：一方面能完全预见到另一方的违约行为，或者是当一方出现单边违约时，另一方面能对其进行惩罚。

在节能服务项目实施过程中，项目组成员之间的人际交往产生了关系嵌入。关系嵌入是指单个行动者的经济行为是嵌入于他与他人互动所形成的关系网络之中（Granovetter，1992）[2]。当下的人际关系网络（ongoing interpersonal relationship）中的某些因素，如各种规则性的期望、对相互赞同的渴求、互惠性原则都会对行为者的经济决策与行动产生重要影响。与此同时，行为者所在的网络又是与其他社会网络相联系的，并构成了整个社会的网络结构。因此，

[1]Ravindran K，Susarla A，Gurbaxani V.Social networks and ontract enforcement in IT outsourcing[J].Pacific Asia Conference on Information Systems，2009，13（2）：57-71.

[2]Granovetter M，Swedberg R.The sociology of economic life[M].Boulder：Westview，1992.

在更宏大的意义上讲，行动者及其所在的网络是嵌入于由其构成的社会结构之中，并受到来自社会结构的文化、价值因素的影响和决定。Granovetter 认为，正是这两种网络嵌入，使得经济行为者之间产生了信任与互动，限制了机会主义行为，保证了交易的顺畅进行。Talmud 和 Mesch（1997）推测，若企业间存在一般竞争，弱关系是有利的。但如果涉及信任、不确定性、协同和长期项目，强关系和紧密结合就变得非常重要了①。节能服务外包项目组成员之间的关系嵌入强度越强，越会推动项目经理的情感承诺和积极的知识共享态度扩散到外包网络，使得外包网络成员间产生信任、形成共同的价值观和行为规范，进而增进节能服务外包企业与用能企业间组织间承诺，降低节能服务双方对交易风险的感知。

关系嵌入描述了通过长期互动发展而来的人际关系类型，而结构嵌入描述了人或单位间的非人际结构，它关注社会系统以及作为整体的关系网络的性质。网络密度是反映结构嵌入的一种重要维度。网络密度是衡量网络整体（或网络内某一个局部子网络）内部成员发生相互联系的密集程度。网络成员间互动关系越多的网络，往往交换的资源与信息越多。Coleman 认为，密集网络会产生大量的企业间相互联络，网络内信息和资源将更快速地大量流动。此外，高密度网络中企业间作用力影响的途径更多。Grannovetter（1985）认为高密度网络会放大制裁的效果，企业行为违规时更易受到网络中其他企业的制裁。因此，高密度网络能有效地防范机会主义行为，促进信息的沟通和共享。Burt（2000）进一步提出，他观察到网络闭合倾向于在网络中其他可观察到的专用行动者间进行互动，因为这些行动者有现有、共同的接触。反过来，他们行动的可观察性倾向于使得行动者防止机会主义，意识到其他人同样受到限制，以增加彼此间的信任。对于节能服务外包来说，外包关系网络的网络密度越大，成员间相互联络的渠道越密集，网络内信息和资源将更快速地大量流动，从而能促进外包信息在成员间的沟通和共享，有效地防范节能服务外包实施中的机会主义行为。基于以上分析，我们提出如下研究假设：

H10：外包关系网络的关系嵌入会正向调节项目经理的情感承诺与组织间承诺的关系

H11：外包关系网络的结构嵌入会正向调节项目经理的情感承诺与组织间承诺的关系

H12：外包关系网络的关系嵌入会负向调节项目经理的情感承诺与交易风险感知间的关系

---

① Talmud I, Mesch G S. Market embeddedness and corporate instability: the ecology of inter-industrial networks [J]. Social Science Research, 1997, 26(4): 419-441.

H13：外包关系网络的结构嵌入会负向调节项目经理的情感承诺与交易风险感知间的关系

H14：外包关系网络的关系嵌入会正向调节项目经理的知识共享态度与组织间承诺的关系

H15：外包关系网络的结构嵌入会正向调节项目经理的知识共享态度与组织间承诺的关系

H16：外包关系网络的关系嵌入会负向调节项目经理的知识共享态度与交易风险感知间的关系

H17：外包关系网络的结构嵌入会负向调节项目经理的知识共享态度与交易风险感知间的关系

四、外包双方的外包管理能力在三种治理方式与外包绩效关系间的调节作用

企业能力是指企业能确保技能和知道为什么（Know-why）嵌入在可重复的行动模式以及可识别和特定惯例中的程度。如果企业已发展了一种外包管理能力，就有可能拥有了管理外包的可重复的行动模式。目前，学术界对于外包管理能力尚没有直接相关的研究。比较接近的变量是关系能力。Dyer 和 Singh（1998）基于知识基础论、动态能力理论提出，关系能力是企业愿意合作（partner）以及合作的能力。Lorenzoni 和 Lipparini（1999），Manuel（2006）[1]，Lechner 和 Dowling（2003）[2]等学者提出，关系能力是企业选择合适伙伴以及建立和维持与其他企业关系的能力。Sivadas 和 Dwyer（2000）基于交易成本理论、能力基础论、创新管理理论提出，合作能力是由信任，沟通，协调，治理和管理机制，伙伴类型，相互依赖，创新类型和制度支持组成的变量。

实际上，外包管理能力实际上也是一种关系能力。借鉴学术界对关系能力的界定，我们提出，外包关系能力是企业选择外包伙伴，建立和维持与外包企业关系的能力。合同治理、关系契约治理和心理契约治理三种治理方式在治理节能服务外包关系时，用能企业在信息处理、知识吸收、合同管理、关系管理、情感管理等方面的能力越强，节能服务公司在信息处理、流程再造、合同管理、关系管理、情感管理等方面的能力越强，双方将能更好地履行合约，共同制定计划和共同解决问题，从而获得更好的节能效果，节能知识转移和吸收的效果也会越好。基于以上分析，我们提出如下研究假设：

---

① Rodriguez-Diaz M, Espino-Rodriguez T F.Developing relational capabilities in hotels[J].International Journal of Contemporary Hospitality Management, 2006, 18(1):25-40.

② Lechner C, Dowling M.Firm networks：external relationships as sources for the growth and competitiveness of entrepreneurial firms[J].Entrepreneurship and Regional Development, 2003, 15(1):1-26.

H18：用能企业的外包管理能力会正向调节合同治理与外包绩效间的关系

H19：节能服务公司的外包管理能力会正向调节合同治理与外包绩效间的关系

H20：用能企业的外包管理能力会正向调节关系契约治理与外包绩效间的关系

H21：节能服务公司的外包管理能力会正向调节关系契约治理与外包绩效间的关系

H22：用能企业的外包管理能力会正向调节心理契约治理与外包绩效间的关系

H23：节能服务公司的外包管理能力会正向调节心理契约治理与外包绩效间的关系

第二节　实证研究设计

一、测量工具的发展

传统的管理学研究范式（paradigm）一般都是试图根据管理者个人的经验和环境条件，或者系统的、心理的、社会的、经济的、伦理的要求来建立描述性的或规范性的管理理论，以便指导管理人员的未来行为。20世纪60年代以来，西方管理研究中出现了职能主义范式（functionalist paradigm）这一逐渐成为现代管理学主流研究方法的新范式。职能主义范式也被称为实证主义（positivist persepective），主要的研究方法包括证实法和证伪法。其中，证实法又包括三种基本的研究设计法：试验（experimental treatment）、抽样调查（sampling）和案例研究（case study）（Burrel 和 Morgan，1979）。

由于本书涉及的多数变量没有现成的二手数据可以利用，因此直接向节能服务外包商和用能企业发放调查问卷，收集一手数据。

在量表设计方面，考虑到现存的合同治理、关系契约治理、外包绩效等量表已经比较成熟，本书在现有研究成果的基础上进行了适当发展和完善。对于心理契约治理等变量，由于目前尚没有比较成熟的量表借鉴，所以首先通过回顾相关文献初步确定变量维度，然后对企业界和学术界的一些人士进行了访谈。通过这些访谈，我们对心理契约治理等变量的内涵、维度有了更准确的认知。在此基础上，我们设计出相应的量表。

考虑到部分量表是基于西方发达国家经济社会背景开发出来的量表，并且心理契约治理等量表是本研究开发的量表。为保证量表的信度和效度，本书采用了二次收集数据的方法。在对各变量进行操作化设计，形成量表后，我们进行小样本测试，修订问卷，然后开展大样本调研，收集数据。

本书采用李克特（Likert-type Scale）5点量表和7点量表来测量各变量。在问卷编码时，从完全反对到完全同意分别赋值1～5或1～7。为避免答卷者敷衍导致的研究误差，剔除了那些所有选项均选同一选项、数据缺失，以及前后回答明显矛盾的问卷。

二、数据来源

获取数据的前提是样本的确定。为了确保样本的代表性，有必要通过抽样来获得样本。根据抽样方法是否遵循随机原则，可以将抽样方法分为非随机抽样和随机抽样两类。随机抽样的好处是样本有较强的代表性，能较好地代表总体的情况，但实施难度较大[1]。由于随机抽样实施难度较大，实际研究中大多采用非随机抽样的办法。为提高本书样本的代表性，尽可能扩大样本来源区域，在北京、浙江、江苏、上海、广州、南昌等经济发达程度不同、文化特征各异的地区发放问卷，并尽量扩大样本的覆盖面，做到样本企业的规模、行业、经营地域等关键要素的分布较为广泛。

在明确抽样方法后，需要确定实证研究所需的样本数量。学者们对样本量的确定提出了诸多论述。根据 Gay（1992）[2]的研究，样本的大小应根据研究种类来确定，作为相关研究，样本数至少在30份以上才能探究变量间有无关系存在。Bartlett 等人（2001）[3]认为，如果需要进行回归分析，样本总数和自变量个数之比应不低于5：1，最好是10：1；如果需要进行因子分析，样本总数应不低于100。本研究的有效样本数为183份，变量数为12个，符合进行回归分析的要求。

在数据收集阶段，不仅向节能服务公司的项目经理发放问卷，请其代表所在公司或具体的节能服务项目填写相应问卷来收集有关数据，而且向对应的用能企业发放问卷。通过快递或邮件发放问卷，并电话跟踪问卷的到达、填写、回收情况。希望通过以上方式，提高样本的代表性和问卷的回收率[4]。

本研究的数据收集分为预测试和正式数据收集两部分，持续时间为4个月左右，期间有两周左右的时间用于修订问卷。问卷发放、收集情况如表5-1所

①即能提高研究结论的外部效度。
②Gay L R.Educational research：competencies for analysis and application［M］.New York：Merrill，1992.
③Bartlett J E，Kotrlik J W，Higgins C C.Organizational research：determine appropriate sample size in survey research［J］.Information Technology，Learning，and Performance Journal，2001，19（1）：43-50.
④当问卷回收率较低时，可能存在样本偏误，即不应答的调查对象可能与应答的调查对象具有系统性的差异。控制这种偏误是问卷调查需要注意的重要问题之一。

示。本研究在预测试阶段共发放问卷 126 份，回收 109 份，回收率达到 86.5%，剔除无效问卷 7 份（无效问卷包括以下情况：空白卷、关键数据缺失、数据循环、数据极端化、数据自相矛盾等），最终回收有效问卷 102 份，有效问卷率为 93.6%。回收率和有效问卷率较高是因为本研究在量表预测试阶段主要通过私人关系发放问卷。在收集用于正式分析的数据阶段，本研究发放问卷 296 份，回收问卷 257 份，有效问卷数量 183 份，有效问卷率为 71.2%，该部分主要通过 E-mail、现场收集、纸质发放回收等方式。

表 5-1　　　　　　　　　　　　　数据收集情况

数据用途	发放问卷数量	回收数量	有效问卷数量	回收率/%	有效问卷率/%	备注
量表测试	126	109	102	86.5	93.6	主要通过私人关系发放问卷，回收率较高
正式分析	150	133	105	88.6	78.9	通过政府职能部门发放
	146	124	78	84.9	62.9	通过私人关系等方式发放问卷

三、变量的度量

变量的度量（或操作化）是通过可观测的结果对最终想要测量的变量（抽象概念）来进行解释。本书共涉及 12 个概念（如表 5-2 所示）。

表 5-2　　　　　　　　　　　研究变量涉及的概念明细表

自变量	中介变量	调节变量	因变量
合同治理、关系契约治理、心理契约治理	组织间承诺、交易风险感知、项目经理的情感承诺、知识共享态度	关系嵌入、结构嵌入、用能企业的外包管理能力、节能服务公司的外包管理能力	外包绩效

为了确保本研究所采用的各个变量能够最大限度地反映相应的概念及其内涵，本研究在问卷设计过程中，通过文献回顾找到变量度量的理论依据，然后通过访谈多位专家、用能企业和节能服务公司，对变量的内涵、测量题项进行必要的修订。

（一）自变量的度量

（1）合同治理

Qi 和 Chau（2012）[1]将正式契约治理分为契约复杂性和契约管理两个维度。

---

[1] Qi C, Chau P Y K. Relationship, contract and IT outsourcing success[J]. Decision Support System, 2012, 53(5):859-869.

契约管理又分为契约的执行、契约的发展和完善两个维度。我们的调研发现，节能服务外包中的正式契约治理包括合同基本条款、合同变化条款、合同协调条款(节能量、节能过程控制、环境变化)等内容。合同条款的设计不仅注重合同的约束力，还注重合同的包容性。节能服务外包中，如果发包方的能力较强，会要求签订复杂的、注重过程的合约，反之，则往往要求签订简单的注重结果的合约。借鉴 Cannon(2000)[1]，Qi 和 Chau(2012)等对正式契约治理的量表，我们设计了 4 个题项来测量节能服务外包的合同治理：节能服务外包合同反映了节能服务的复杂性；节能服务外包合同包含了节能过程控制的条款；节能服务外包合同包含了动态调整条款；节能服务外包合同体现了节能结果的多元性。量表为 5 点李克特量表。

(2) 关系契约治理

关系治理是关系契约通过关系规范的治理。关系规范具有自执行性、长期导向性、动态性和多元性。关系规范是关系契约的实质性内容与准则(王颖，王方华，2007)[2]。关系治理是关系契约通过关系规范的治理，关系规范的动态性和多元性与关系契约的不完全性是相互契合的。节能服务外包中的关系契约治理主要是通过关系规范的治理。社会关系理论提出，人们会用所确立的关系规范来指导他们对伙伴的评估及行为(Clark，1986)，因此一旦消费者与企业形成某种较为固定的关系，消费者同样会依据该种关系规范对企业采取特定的行为(Aggarwal，2004)。关系规范具有不同的类别，本研究沿用 Aggarwal(2004)的定义，继续采用最初由 Clark 和 Mills(1993)提出的两种关系规范——交换关系规范(exchange relationship norm)和共有关系规范(communal relationship norm)。这两种关系规范的核心区别在于：在交换关系规范下，主导人们行为的是对价值互换的期望与感知，即一个人给他人提供利益，同时期望能够得到相称利益作为回报，也就是说需要补偿，该关系规范类似于商业搭档之间的交往模式；而在共有关系规范下，人们给予其他人利益是为了让他人开心或满足他人的需求。在这种关系规范中，人们不仅会关心自己的利益，还会去了解他人的需求和利益，共有关系规范类似于朋友、家人之间的交往模式。

借鉴 Aggarwal(2004)的方法，本研究利用情境假设激发被试与某一服务提供者之间的关系规范。既有的研究表明即使没有真实的长期关系，通过实验的方法也能够触发出相应的关系规范(Clark，1986)。具体方法是请被试阅读一

[1]Cannon J P, Achrol R, Gregory G. Contracts, norms, and plural form governance[J]. Academy of Marketing Science, 2000, 28(2):180-194.

[2]王颖，王方华.关系治理中关系规范的形成及治理机理研究[J].软科学，2007,21(2):67-70.

篇描述自己和某一节能服务公司关系的短文，并设想自己与该节能服务公司有长达 5 年的关系。不同的是在共有关系规范的情景中，用能企业和节能服务公司的交往规则类似于朋友之间的交往，而在交换关系规范的情景中，两者的交往规则类似于商人之间的交往。接下来，研究者运用量表对关系规范操控的有效性进行检验。参照 Aggarwal（2004）的情境操控量表，我们设计了如下 3 个测量共有关系规范的题项：该节能服务公司对于我们来说是特别的；我觉得该节能服务公司是关心我们的；该节能服务公司喜欢我们这样的客户。测量交换关系规范的题项有 3 个：我觉得该节能服务公司提供的节能服务是物有所值的；我觉得该节能服务公司是靠服务来赢取业务的；我觉得请该节能服务公司为我们开展节能服务是值得的。量表为 7 点量表，范围从完全不同意到完全同意。

（3）心理契约治理

由于目前节能服务外包心理契约治理缺乏成熟的可借鉴量表，本研究需要自行开发。根据前文对节能服务外包心理契约治理的二维划分，利用扎根理论，本研究分别对节能服务外包企业和客户进行了三轮访谈，以抓住节能服务外包心理契约治理两个维度的具体内涵。然后经过半开放式问卷、初步评估和预测试等步骤来开发心理契约治理的量表。

① 心理契约治理量表开发方法的确定。

构念（constructs）就是用一个可观察的行为维度来代表看不见的事物，构念越抽象，越难以测量（Nunnally，1978）。因此心理契约治理构念就是用一组可以观察的行为/态度维度来代表看不见的事物——心理契约治理。题目开发成功的关键是建立一个能清楚表示测量内容范围的理论基础。同时，范围抽样理论认为，不太可能完全测量出感兴趣的构念，但重要的是从潜在题目中抽取的题目足以代表所研究的构念（Ghiselli，Campbell 和 Zedeck，1981）。从题目产生来看，主要有两种方法：推理法（deductive）和归纳法（inductive）（Hinkin，1998）。推理法要求对所要研究的现象有足够的了解，并对相关文献进行全面回顾，然后再建立研究构念的理论定义（Hinkin，1998）。如果构念的概念基础没有容易辨识的维度，并据此产生题目，可能就比较适合使用归纳法（Hinkin，1998）。

考虑到心理契约治理的构念比较抽象，学术界对心理契约的研究又主要集中于组织与员工之间的心理契约，因而目前尚没有完全充分的理论基础来说明节能服务外包心理契约治理，也没有容易辨识的构念维度，因此本研究选择归纳法开发问卷。

② 心理契约治理量表的开发过程。

第一步，进行深度访谈。我们对 6 位发包方的项目经理、9 位接包方的项目经理进行了深度访谈。访谈采用关键技术法（critical incident technique，

Flanagan，1954），询问项目经理正在进行或已经完成的外包项目，就此项目讨论外包双方承担的义务或责任。访谈对象主要分布在上海、杭州、南通、苏州、常州等地。深度访谈采用的是电话访谈和一对一面谈形式。时间一般为30分钟。另外，对3位本领域的学者或业内实践专家采用小组焦点形式进行访谈（focus group），时间为60分钟左右。

表 5-3　　　　　外包项目经理感知的节能服务外包心理契约内容访谈

访谈目的	外包项目经理感知的节能服务外包心理契约的内容如何？
子命题 1	心理契约中发包方的责任和义务包括：对外包提出明确的要求；迅速足额付款；积极参与和配合项目开展；为外包提供管理支持
子命题 2	接包方的责任和义务包括：合理安排项目组成员；项目组成员能与客户有效沟通；独立完成项目，对客户生产经营的影响较小；有效转移节能知识
访谈问题	① 发包方对接包方应该承担哪些责任和义务？ ② 接包方对发包方应该承担哪些责任和义务？ ③ 双方的责任和义务哪些应该写入书面合同？哪些不需要写入书面合同？ ④ 未写入书面合同的责任和义务，对双方的关系有什么影响？

访谈指导（interview guide）如下：

① 在节能服务外包过程中，节能服务公司或用能企业应该承担哪些责任和义务？

② 节能服务公司或用能企业的责任和义务哪些应该写入书面合同？哪些不需要写入书面合同？

③ 未写入书面合同的责任和义务，对双方的关系有什么影响？用能企业的行为对这些责任、义务有什么影响？

访谈结束后，我们对访谈结果进行整理，获得了节能服务外包企业和用能企业对彼此的非书面承诺的责任和义务包括"项目组成员能与客户有效沟通""节能改造对客户生产运营的影响较小""节能改造后提供优质的节能管理系统使用培训服务""迅速足额付款""积极参与和配合项目开展""为外包提供管理支持"等23项。

第二步，半开放式问卷。对南通、常州等地的节能服务外包企业和用能企业，请5个接包方的项目经理、4个发包方的项目经理列出至少5项他们认为节能服务中双方最重要的义务或责任。问卷回收后，将半开放式问卷结构与深度访谈结果比照分析，本研究发现二者有较高的一致性。剔除重复的内容后，共获得25项外包心理契约的要素。然后，我们采用 Miles 和 Huberman（1994）提出的对访谈数据进行编码和分析的方法。通过分析访谈获得的外包双方对另一方应承担的义务或责任，结合对义务和责任的文献评述，将其进行分类，共得出 9 个要素。其中，发包方对接包方应承担的责任或义务有 4 项：对外包提出明确的要求；迅速足额付款；积极参与和配合项目开展；为外包提供管理支持。接包方对发包方应承担的责任和义务有 5 项：合理安排项目组成员；项目组成员能与用能企业有效沟通；独立完成项目，对用能企业生产经营的影响较小；有效转移节能知识。

第三步，进行预测试。以上海、南通、杭州、苏州等地区的制造企业为样本，对初步评估后的心理契约治理量表进行预测试，具体结果参见下文"量表的小样本测试"部分。

（二）因变量的度量

正如 Bengtsson，Von Haartman 和 Dabhilkar（2009）指出的，企业应用外包的目的是多方面的，单一的指标很难反映外包的总体绩效。因此外包研究者一般采用多指标来测度外包绩效。外包对绩效的影响可分为外包行为本身的结果绩效和外包给企业带来的绩效两个层面（Grover-Teng 和 Ghen，2009；Handley 和 Benton，2009）。本书主要关注节能服务外包行为本身的绩效。学术界对外包本身的结果绩效衡量指标包括：降低成本、业务运转效率的提高、现金流的改善、有效的投资、外包业务的品质和交货及时性等（Bengtsson，Von Haartman 和 Dabhilka，2009；Merehant，1982）。对于用能企业来说，节能服务外包服务给其带来的结果主要表现在节能量的多少、节能知识的转移这两个方面。因此，本书主要从节能量、节能知识转移两个角度来度量节能服务外包绩效。其中，对于节能知识转移的度量参考了 Nahapiet 等（1998）[1]对研究的知识转移量表。节能服务外包绩效的具体度量题项包括：

① 我们对于节能服务外包项目的节能量感到满意；

② 我们从节能服务公司学习到了节能管理的知识；

③ 我们学习到节能管理知识后对于节能服务公司的依赖明显减少；

④ 我们很好地将学到的节能管理知识运用到公司能源管理中去；

⑤ 在学习节能管理知识后，企业的能源管理效益得到较大的改善。

（三）中介变量的度量

（1）组织间承诺

与 Geyskens（1996）对组织间承诺的结构看法一致，我们认为组织间承诺由计算性承诺和情感承诺两个维度构成。因此，组织间承诺量表主要参考 Geyskens 等（1996）的量表对组织间的情感承诺和计算性承诺进行测量。具体来

---

[1]Nahapiet J，Ghoshal S. Social capital，intellectual capital and the organizational advantage［J］. Academy of Management Review，1998，23（2）：242-266.

说，测量情感承诺有 4 个题项，分别为：

① 我们企业很乐意为客户开展节能服务；

② 我们企业感觉用能企业的节能问题就是我们的问题；

③ 在情感上，我们企业很认同用能企业；

④ 总的来看，我们企业会忠诚于用能企业的委托。

测量计算性承诺有 2 个题项，分别为：

① 我们会尽量为用能企业创造更多的节能量；

② 我们有义务指导用能企业掌握相关的节能知识。

（2）交易风险感知

前文提出，交易风险感知是节能服务公司对节能服务外包交易的风险感知。主要包括时间风险、市场风险、财务风险、生产风险。时间风险是指因为节能服务达不到预期目标而对用能企业生产经营人员造成时间浪费带来的风险。市场风险是指因为节能服务达不到预期目标而影响用能企业市场占有率或客户满意度带来的风险。财务风险是指因为节能服务达不到预期目标而对用能企业的财务方面带来的风险。生产风险是指因为节能服务达不到预期目标而对用能企业生产系统正常运营带来的风险。由此，本研究设计了四个题项从时间风险、市场风险、财务风险、生产风险来测量项目经理感知的节能服务交易风险。

（3）项目经理的情感承诺

Meyer 和 Allen（1991）提出，情感承诺是个人认同与参与组织的强度，对组织目标及价值的信念与接受，为组织努力的意愿及留在公司的意愿。员工对组织所表现的忠诚并努力工作，主要是由于对组织有深厚的感情，而非物质利益。凌文辁、张冶灿、方俐洛（2000）提出，情感承诺是指对单位认同、感情深厚，愿意为单位的生产与发展做出贡献甚至不计较报酬，在任何诱惑下都不会离职跳槽。

情感承诺作为组织承诺的一个维度，通常包含在组织承诺的量表中。如 Allen 和 Meyer（1993）所开发的组织承诺量表中有 6 个题项用来测量情感承诺，具体题项为：我很乐意在这个组织继续待下去；我感觉到这个企业的问题就是我的问题；在情感上我觉得自己属于这个企业；我觉得我自己就是这个企业大家庭中的一员；这个企业对我而言意义重大；总的来说，我很忠于这个企业。凌文辁、张冶灿、方俐洛（2001）开发的组织承诺量表中使用 5 个题项来测量情感承诺。具体题项为：效益差也不离开；对单位感情深；愿意做任何事情；愿意贡献全部心血；愿意贡献业余时间。结合前人研究成果与本研究实际，我们设计了如下题项来测量项目经理的情感承诺：

① 我对这个节能服务项目有很深的感情；

② 我感觉这个节能服务项目组是一个小家庭；

③ 我愿意为这个项目贡献业余时间；

④ 我愿意为这个项目贡献全部心血。

（4）项目经理的知识共享态度

在对知识共享进行的相关经验研究中，很多学者根据自己的研究需要，开发了相应的量表，对知识共享加以测量。一些学者将知识共享视作一维：如Connelly 和 Kelloway（2003）开发的感知知识共享文化量表包括 6 个指标，信度系数为 0.85。Lin 和 Lee（2004）的知识共享行为量表包括 4 个指标，信度系数为 0.84。Chowdhury（2005）开发的复杂知识共享测量量表包括 7 个指标，信度系数高达 0.92。Sveiby 和 Simons（2002）[1]通过 5 个题项来测量知识共享，其中，关于知识共享具有代表性的测量题项是"当你不当班时，你正在工作的同事给你打电话询问与工作相关的知识""综合员工中的知识产生了许多新思想和解决问题的新方法"。也有学者将知识共享视作二维，如 Hoof 和 Ridder（2004）按知识的流向将知识共享划分为知识贡献（knowledge donating）和知识收集（knowledge collecting）两个维度，每个维度都包含 4 个测量指标；Cho 和 Lee（2004）按知识共享的程度将知识共享划分为共享的范围（scope）和共享的多样性（diversity）两个维度。

现有研究表明，学术界对知识共享的度量并未完全区分知识共享意愿、知识共享文化、知识共享行为和知识共享结果。此外，学者们也未完全区分知识共享和知识创造。Nonaka 和 Takeuchi 提出知识创造包含四个阶段，知识共享是其中的一个阶段。本研究赞成知识共享不同于知识创造，知识共享是知识创造的前奏。知识共享是一个知识的外化过程，而知识创造是知识的内化过程。本研究借鉴 Sveiby 和 Simons（2002）等学者的量表，设计了如下测量项目经理知识共享态度的具体题项：

① 我愿意在节能服务中与对方交换经验；

② 我会对节能服务项目组成员贡献自己掌握的一些信息和资料；

③ 当我不当班时，我也会给客户解答与项目相关的问题。

量表为 5 点李克特量表，分值越高，知识共享态度越积极。

（四）调节变量的度量

遵循学术界对网络结构的一般度量方法，本书也从关系嵌入和结构嵌入两个维度来度量外包网络结构。其中，关系嵌入强度是通过自行设立的指标来度量的，结构嵌入的度量采用了社会网络分析方法中的相应度量方法。具体来说，采用社会网络分析的思想和方法，借鉴现有研究成果，并运用近似提名诠

---

[1]Sveiby K E, Simons R. Collaborative climate and effectiveness of knowledge work: an empirical study[J]. Journal of Knowledge Management, 2002, 6(5): 420-433.

释法获取数据，然后输入 Ucinet 软件进行计算，得到指标的最终数值。

（1）关系嵌入

在经济社会学中，有很多学者对关系嵌入强度进行了定义，如 Granovetter（1973）基于"时间数量，情感强度和亲密性以及关系的相互服务这些组合"来定义关系嵌入强度。Antonio Capaldo（2007）[1]在 Granovetter 的最初提议基础上对组织间关系嵌入强度进行了操作化。他把关系嵌入强度看作有三个维度的概念构成，即时间维度、资源维度和社会维度。Andersson（1996[2]，2002[3]）认为，企业在业务网络中嵌入的核心是它对其他网络行为者资源的适应程度。他通过下面两个指标来测量业务嵌入：与顾客和供应商的关系在多大程度上引起子公司业务行为的改变；与顾客和供应商存在直接联系的不同职能领域的数目。通过下面两个指标来测量技术嵌入：与顾客和供应商的关系在多大程度上引起子公司新产品探索的改变，以及新生产技术过程发展的改变。马刚（2005）[4]通过企业间在一定时间内的交往频率来测量关系嵌入强度。

借鉴前人对关系嵌入的度量。本研究通过关系发生的频率来测量关系嵌入的强度（具体如表 5-4 所示）。通过询问用能企业与节能服务外包网络成员的往来频率来测量关系嵌入强度。

表 5-4　　　　　　　　　　关系嵌入强度的测量指标

	具体测量
频率	"几乎没有往来""每季度一到两次""每月一到两次""每周一到二次""每天一到两次" 分别赋值 1~5

（2）结构嵌入

使用网络密度（Density）来反映节能服务外包网络的结构嵌入，网络密度是网络中实际存在的关系与可能存在的关系的比例，其计算公式如式（5-1）所示：

$$D = \frac{2L}{g(g-1)} \tag{5-1}$$

其中，D 为网络密度；L 为网络中关系的数目；g 为网络中行为者的数目。

---

① Capaldo A. Network structure and innovation：the leveraging of a dual network as a distinctive relational capability[J].Strategic Management Journal,2007,28(6):585-608.

② Andersson U,Forsgren M.Subsidiary embeddedness and control in the multinational corporation[J].International Business Review,1996,5(5):487-508.

③ Andersson U, Forsgren M, Holm U. The strategic impact of external networks：subsidiary performance and competence development in the multinational corporation[J].Strategic Management Journal,2002,23(11):979-996.

④ 马刚.基于战略网络视角的产业区企业竞争优势实证研究[D].杭州：浙江大学,2005:198.

（3）用能企业和节能服务公司的外包管理能力

前文提出，外包关系能力是企业选择外包伙伴，建立和维持与外包企业关系的能力。基于能力所包括的知识，能力可被分为运营能力（深化技术知识）或整合能力（反映吸收能力）（Verona，1999）。Verona（1999）提出了一个既考虑了运营能力，又考虑了整合能力的高层能力框架。根据这一高层能力的结构，与 Hunt（1999）的要求相一致，外包管理能力应由运营能力和整合能力来支持。运营能力包括专长、过去的经验、惯例和过程创新。而整合能力提出了支持新知识的确定、扩散和应用的管理过程、系统、结构和文化。

根据我们对用能企业和节能服务公司的访谈，其外包管理的具体内容有所差异。用能企业的外包管理内容包括信息处理、知识吸收、合同管理、关系管理、情感管理等要素。节能服务公司的外包管理内容包括信息处理、流程再造、合同管理、关系管理、情感管理等要素。由此，我们设计了节能服务公司外包管理能力和用能企业外包管理能力的 5 点李克特量表。测量用能企业外包管理能力的题项包括：

① 我们有处理外包业务相关信息的经验；
② 我们有专门处理外包业务相关信息的机构或人员；
③ 我们知道怎么从节能服务公司处学习；
④ 我们有管理外包合同的丰富经验；
⑤ 我们知道怎样与节能服务公司沟通；
⑥ 我们有专门跟节能服务公司对接的机构或人员；
⑦ 我们能够处理好与节能服务公司的情感关系。
测量节能服务公司外包管理能力的题项包括：
① 我们有处理外包业务相关信息的丰富经验；
② 我们有专门处理外包业务相关信息的机构或人员；
③ 我们在能源管理的流程再造方面有丰富的经验；
④ 我们有管理外包合同的丰富经验；
⑤ 我们知道怎样与节能服务公司沟通；
⑥ 我们能够处理好与用能企业的情感关系。

四、量表的小样本测试

考虑到本研究采用的是基于西方发达国家经济社会背景开发出的量表以及自己设计的量表，其信度、效度可能存在一定的问题，因此需要对量表进行预测试。并根据预测试的结果进行修订，以提高测量的有效性和研究的质量。小样本测试是在具有节能服务接包业务的企业中进行的，企业的选取采用的是简单随机抽样（Simple Random Sampling）原则，调查对象是这些企业中对外包有决策权的管理人员，或者深度参与、十分了解的人员。此次调查共发放问卷126 份，回收 109 份，有效问卷 102 份。

（一）小样本分析方法

（1）信度分析

在进行数理统计分析之前，必须对样本数据的信度（Reliability）进行检验。所谓信度是指指标的正确性或精确性，用于衡量测量结果的稳定性和一致性。问卷信度是指变量度量的可信度。信度可用来衡量结果的一致性或稳定性，量表结构是否合理，所选择的指标是否全面反映事物特征，以及指标的可信程度等。对问卷信度的测量可以用 Cronbach's α 信度、再测信度和折半信度等方法。本研究采用 Cronbach's α 信度方法。按照 Nunnally（1978）的标准，$\alpha > 0.9$ 为信度非常好，$0.7 < \alpha < 0.9$ 为高信度，$0.35 < \alpha < 0.7$ 为中等信度，$\alpha < 0.35$ 为低信度。Hair、Anderson、Tathan 和 Black（1998）指出，一般情况下，Cronbach's α 系数大于 0.70 表明量表具有良好的内部一致性，因此可以认为问卷中测量该变量所对应的测项是合适的。

本研究采用 SPSS 15.0 对回收样本做 Cronbach's α 测试，可判断量表的内部一致性，还可度量该量表与包含有其他可能项目数的量表之间的相关系数。

（2）效度分析

在信度分析的基础上，本研究进一步分析初始量表的效度。所谓效度是指指标能够真正测度变量的程度，在统计学中经常被定义为测量的正确性，或者是指量表是否能够测量到其所要测量的潜在概念。因此，效度高表明测度的结果能够真正显示出所要测量变量的真正特征。一般来讲，效度衡量包括内容效度（Content Validity）和构念效度（Construct Validity）两个方面。内容效度（或表面效度）是指内容的代表性，也是理论建构过程中涵盖研究主题的程度。内容效度通常以研究者的专业知识来主观判断指标能否正确度量测量对象。由于本研究模型中用来测量合同治理、关系契约治理等构念的量表是根据文献研究并结合实地调研进行修正后确定的，因此，可以认为本研究问卷具有较高的内容效度。

构念效度由聚合效度（Convergent Validity）和区分效度（Discriminant Validity）组成。其中，聚合效度是指不同的观察变量是否可用来测量同一潜变量，而区分效度是指不同的潜变量是否存在显著差异。当我们以问卷题目或其他观察变量测量潜变量的时候，观察变量和潜变量之间的关系是有一定假设的，即假设了以哪些观察变量来测量潜变量。通常利用探索性因子分析来判断观察变量与潜变量之间的假设关系是否与数据吻合。若能有效地提取共同因子，且此共同因子与理论结构的特质较为接近，则可判断测量工具具有构念效度。通过对样本数据进行 KMO 检验，KMO 值越大，表示变量间共同因子越多，越适合因子分析，一般认为当 KMO 值小于 0.5 时，不适合因子分析。若结果证明我们的假设是正确的，那么，其聚合效度也得到了相应的证明。至于区分效度，我们通过检测各个潜变量之间的相关系数是否显著低于 1 来判断。

（二）小样本分析结果

（1）信度分析

运用 SPSS21.0 对正式问卷的总量表和各分量表的 Cronbach's α 信度分析发现（如表 5-5 所示），总量表和分量表的 α 信度值均在 0.7 以上，说明本研究使用的量表具有较高的信度。

表 5-5　正式测试问卷的 Cronbach's α 信度测量

量表	Cronbach's α 系数	题项数量	处理方式
总量表	0.869	54	接受
合同治理	0.953	4	接受
关系契约治理	0.898	6	接受
心理契约治理	0.783	9	接受
外包绩效	0.932	5	接受
组织间承诺	0.916	6	接受
交易风险感知	0.928	4	接受
情感承诺	0.781	4	接受
知识共享态度	0.956	3	接受
用能企业的外包管理能力	0.896	7	接受
节能服务公司的外包管理能力	0.917	6	接受

（2）效度分析

① 合同治理的效度分析。

探索性因子分析表明巴特莱特（Bartlett）半球体检验小于 0.001，拒绝相关矩阵为单位矩阵的原假设，支持因子分析。KMO 值为 0.913，大于 0.5 的可做因子分析的最低标准。按照特征根大于 1 的原则和最大方差法正交旋转进行因子抽取，得到单因子结构，单因子的提取方差和负载如表 5-6 所示（表中舍去了低于 0.5 的负载值）。可以看出，所有题项的提取方差都大于 0.5。

表 5-6   合同治理的效度分析

项目	因子负载（Component）
	1
A1：节能服务外包合同反映了节能服务的复杂性	0.826
A2：节能服务外包合同包含了节能过程控制的条款	0.819
A3：节能服务外包合同包含了动态调整条款	0.689
A4：节能服务外包合同体现了节能结果的多元性	0.867
方差解释比例/%	66.13
总方差解释比例/%	66.13

② 关系契约治理的效度分析。

探索性因子分析表明巴特莱特半球体检验小于 0.001，拒绝相关矩阵为单位矩阵的原假设，支持因子分析。KMO 值为 0.891，大于 0.5 的可做因子分析的最低标准。按照特征根大于 1 的原则和最大方差法正交旋转进行因子抽取，得到两因子结构，各因子的提取方差和负载如表 5-7 所示（表中舍去了低于 0.5 的负载值）。可以看出，所有题项的提取方差都大于 0.5。

表 5-7   关系契约治理的效度分析

项目	因子负载（Component）	
	1	2
B1：A 公司对于我们来说是特别的	0.843	
B2：我觉得 A 公司是关心我们的	0.835	
B3：A 公司喜欢我们这样的客户	0.719	
C1：我觉得 A 公司的产品服务是物有所值的		0.735
C2：我觉得 A 公司是靠产品服务来赢取业务的		0.752
C3：我觉得请 A 公司为我们开展节能服务是值得的		0.862
方差解释比例/%	31.37	29.32
总方差解释比例/%	60.69	

③ 心理契约治理的效度分析。

探索性因子分析表明巴特莱特半球体检验小于 0.001，拒绝相关矩阵为单位矩阵的原假设，支持因子分析。KMO 值为 0.883，大于 0.5 的可做因子分析的最低标准。按照特征根大于 1 的原则和最大方差法正交旋转进行因子抽取，得到两因子结构，各因子的提取方差和负载如表 5-8 所示（表中舍去了低于 0.5 的负载值）。可以看出，除了 E3 题项外，所有题项的提取方差都大于 0.5。

表 5-8　　　　　　　　　　心理契约治理的效度分析

项目	因子负载(Component)	
	1	2
D1：对外包提出明确的要求	0.743	
D2：迅速足额付款	0.812	
D3：积极参与和配合项目开展	0.719	
D4：为外包提供管理支持	0.809	
E1：合理安排项目组成员		0.787
E2：项目组成员能与用能企业有效沟通		0.749
E3：独立完成项目		0.463
E4：对用能企业生产经营的影响较小		0.685
E5：有效转移节能知识		0.786
方差解释比例/%	32.21	31.25
总方差解释比例/%	63.46	

④ 组织间承诺的效度分析。

探索性因子分析表明，巴特莱特半球体检验小于 0.001，拒绝相关矩阵为单位矩阵的原假设，支持因子分析。KMO 值为 0.866，大于 0.5 的可做因子分析的最低标准。按照特征根大于 1 的原则和最大方差法正交旋转进行因子抽取，得到两因子结构。两个因子的提取方差和负载如表 5-9 所示（表中舍去了低于 0.5 的负载值）。可以看出，所有题项的提取方差都大于 0.5，但题项 F4 跑到另一个维度。

表 5-9　　　　　　　　　　组织间承诺的效度分析

项目	因子负载(Component)	
	1	2
F1：我们企业很乐意为客户开展节能服务	0.852	
F2：我们企业感觉用能企业的节能问题就是我们的问题	0.876	
F3：在情感上，我们企业很认同用能企业	0.891	
F4：总的来看，我们企业会忠诚于用能企业的委托		0.617
G1：我们会尽量为用能企业创造更多的节能量		0.753
G2：我们有义务指导用能企业掌握相关的节能知识		0.806
方差解释比例/%	36.23	27.18
总方差解释比例/%	63.41	

⑤ 交易风险感知的效度分析。

探索性因子分析表明，巴特莱特半球体检验小于 0.001，拒绝相关矩阵为单位矩阵的原假设，支持因子分析。KMO 值为 0.903，大于 0.5 的可做因子分析的最低标准。按照特征根大于 1 的原则和最大方差法正交旋转进行因子抽取，得到单因子结构。单个因子的提取方差和负载如表 5-10 所示（表中舍去了低于 0.5 的负载值）。可以看出，所有题项的提取方差都大于 0.5。

表 5-10 交易风险感知的效度分析

项目	因子负载（Component）
	1
H1：节能服务外包的时间风险	0.833
H2：节能服务外包的市场风险	0.861
H3：节能服务外包的财务风险	0.732
H4：节能服务外包的生产风险	0.895
方差解释比例/%	66.73
总方差解释比例/%	66.73

⑥ 情感承诺的效度分析。

探索性因子分析表明，巴特莱特半球体检验小于 0.001，拒绝相关矩阵为单位矩阵的原假设，支持因子分析。KMO 值为 0.865，大于 0.5 的可做因子分析的最低标准。按照特征根大于 1 的原则和最大方差法正交旋转进行因子抽取，得到单因子结构。单个因子的提取方差和负载如表 5-11 所示（表中舍去了低于 0.5 的负载值）。可以看出，所有题项的提取方差都大于 0.5。

表 5-11 情感承诺的效度分析

项目	因子负载（Component）
	1
I1：我对这个节能服务项目有很深的感情	0.833
I2：我感觉这个节能服务项目组是一个小家庭	0.815
I3：我愿意为这个项目贡献业余时间	0.707
I4：我愿意为这个项目贡献全部心血	0.836
方差解释比例/%	64.65
总方差解释比例/%	64.65

⑦ 知识共享态度的效度分析。

探索性因子分析表明巴特莱特半球体检验小于 0.001，拒绝相关矩阵为单位矩阵的原假设，支持因子分析。KMO 值为 0.893，大于 0.5 的可做因子分析的最低标准。按照特征根大于 1 的原则和最大方差法正交旋转进行因子抽取，得到单因子结构，单因子的提取方差和负载如表 5-12 所示（表中舍去了低于 0.5 的负载值）。可以看出，所有题项的提取方差都大于 0.5。

表 5-12   知识共享态度的效度分析

项目	因子负载（Component）
	1
J1：我愿意在节能服务中与对方交换经验	0.817
J2：我会对节能服务项目组成员贡献自己掌握的一些信息和资料	0.833
J3：当我不当班时，我也会给客户解答与项目相关的问题	0.731
方差解释比例/%	68.32
总方差解释比例/%	68.32

⑧ 用能企业外包管理能力的效度分析。

探索性因子分析表明，巴特莱特半球体检验小于 0.001，拒绝相关矩阵为单位矩阵的原假设，支持因子分析。KMO 值为 0.838，大于 0.5 的可做因子分析的最低标准。按照特征根大于 1 的原则和最大方差法正交旋转进行因子抽取，得到三因子结构。三个因子的提取方差和负载如表 5-13 所示（表中舍去了低于 0.5 的负载值）。可以看出，所有题项的提取方差都大于 0.5，但题项 K2 在第一个维度和第二个维度同时出现，因此，删去题项 K2。

表 5-13   用能企业外包管理能力的效度分析

项目	因子负载（Component）		
	1	2	2
K1：我们有处理外包业务相关信息的经验	0.732		
K2：我们有专门处理外包业务相关信息的机构或人员	0.541	0.638	
K3：我们知道怎么从节能服务公司处学习	0.763		
L1：我们有管理外包合同的经验		0.721	
L2：我们知道怎样与节能服务公司沟通		0.783	
M1：我们有专门跟节能服务公司对接的机构或人员			0.733
M2：我们能够处理好与节能服务公司的情感			0.815
方差解释比例/%	22.13	24.15	21.06
总方差解释比例/%	67.34		

⑨ 节能服务公司外包管理能力的效度分析。

探索性因子分析表明，巴特莱特半球体检验小于 0.001，拒绝相关矩阵为单位矩阵的原假设，支持因子分析。KMO 值为 0.816，大于 0.5 的可做因子分析的最低标准。按照特征根大于 1 的原则和最大方差法正交旋转进行因子抽取，得到两因子结构。两个因子的提取方差和负载如表 5-14 所示（表中舍去了低于 0.5 的负载值）。可以看出，所有题项的提取方差都大于 0.5。

表 5-14　　　　　　　节能服务公司外包管理能力的效度分析

项目	因子负载（Component）	
	1	2
O1：我们有处理外包信息的经验	0.709	
O2：我们有专门处理外包业务相关信息的机构或人员	0.836	
O3：我们在能源管理的流程再造方面有丰富的经验	0.713	
O4：我们有管理外包合同的经验	0.643	
P1：我们知道怎样与节能服务公司沟通		0.793
P2：我们能够处理好与用能企业的情感		0.825
方差解释比例/%	35.26	26.16
总方差解释比例/%	61.42	

⑩ 外包绩效的效度分析。

探索性因子分析表明，巴特莱特半球体检验小于 0.001，拒绝相关矩阵为单位矩阵的原假设，支持因子分析。KMO 值为 0.847，大于 0.5 的可做因子分析的最低标准。按照特征根大于 1 的原则和最大方差法正交旋转进行因子抽取，得到两因子结构。两个因子的提取方差和负载如表 5-15 所示（表中舍去了低于 0.5 的负载值）。可以看出，所有题项的提取方差都大于 0.5。

表 5-15　　　　　　　　　外包绩效的效度分析

项目	因子负载（Component）	
	1	2
R1：我们对于节能服务外包项目的节能量感到满意	0.729	
R2：在节能服务项目结束后，企业的能源管理效益得到较大的改善	0.803	
S1：我们从节能服务公司学习到了节能管理的知识		0.738
S2：我们学习到节能管理知识后对于节能服务公司的依赖明显减少		0.713
S3：我们很好地将学到的节能管理知识运用到公司能源管理中去		0.627
方差解释比例/%	31.12	36.14
总方差解释比例/%	67.26	

五、量表修订

鉴于本问卷中部分变量是采用反映指标（reflective indicator）来度量要测量

的潜变量，即各个题项对于潜变量的度量具有平等地位。预测试结果发现，部分量表的个别题项没有进入其所属维度。为确保量表的可靠性，本研究采用剔除存在问题的题项的办法来处理原始问卷。具体来看，心理契约治理量表中删除 E3 题项；组织间承诺量表中删除题项 F4；用能企业外包管理能力量表中删除题项 K2。

第三节 数据分析

在假设检验之前，需要对大样本调查的数据进行初步分析以确保样本的代表性。本节首先对研究数据进行了描述性统计，统计结果表明，研究使用的数据具有很强的代表性，研究得出的结论具有较强的外部效度。其次，本节分析量表的信度、效度，为后文的假设检验奠定基础。

一、描述性统计

描述性统计主要说明用能企业所处的行业、节能服务项目的规模等基本信息。以对样本来源与特征从总体上有所了解。对样本的基本数据概况，通过 SPSS 21.0 统计分析的频数和描述等统计功能进行分析，如表 5-16 所示。

表 5-16　　　　　　　　　研究样本总体描述

项目	类别	数量	占总体比例/%
客户所在行业	电力	27	14.8
	建材	39	21.3
	钢铁	17	9.3
	有色	36	19.7
	煤炭	16	8.7
	化工	23	12.6
	其他	25	13.6
	合计	183	100
项目规模	1000 万元以上	78	42.6
	500 万元~1000 万元	86	47.0
	500 万元以下	19	10.4
	合计	183	100

在回收的有效问卷中，从样本的行业分布来看，样本涵盖的行业范围较广，包括电力、建材、钢铁、有色、煤炭、化工等行业。从年销售收入来看，项目规模在 1000 万元以上的有 78 家，占 42.6%；500 万~1000 万元的有 86

家，占 47.0%；500 万元以下的有 19 家，占 10.4%。

二、信度分析

运用 SPSS 21.0 对正式问卷的总量表和各分量表的 Cronbach's α 信度分析发现（如表 5-17 所示），总量表和分量表的 α 信度值均在 0.7 以上，说明本研究使用的量表具有较高的信度。

表 5-17　　　　　　　　正式测试问卷的 Cronbach's α 信度测量

量表	Cronbach's α 系数	题项数量	处理方式
总量表	0.863	51	接受
合同治理	0.941	4	接受
关系契约治理	0.893	6	接受
心理契约治理	0.831	8	接受
外包绩效	0.923	5	接受
组织间承诺	0.908	5	接受
交易风险感知	0.919	4	接受
情感承诺	0.798	4	接受
知识共享态度	0.938	3	接受
用能企业的外包管理能力	0.864	6	接受
节能服务公司的外包管理能力	0.908	6	接受

三、效度分析

在信度分析的基础上，本研究进一步分析量表的效度。效度是指实证测量在多大程度上反映了变量的真实含义。由于本研究借鉴的部分量表是基于西方情境开发出来的，可能存在跨文化差异。因此，需要进一步分析其构念结构是否与原始量表的结构一致。下面，通过探索性因子分析的方法对问卷各量表的效度进行分析。

（1）合同治理的效度分析

对合同治理进行探索性因子分析，结果表明巴特莱特半球体检验小于 0.001，拒绝相关矩阵为单位矩阵的原假设，支持因子分析。KMO 值为 0.907，大于 0.5 的可做因子分析的最低标准。按照特征根大于 1 的原则和最大方差法正交旋转进行因子抽取，得到单因子结构，单因子的提取方差和负载如表 5-18 所示（表中舍去了低于 0.5 的负载值）。可以看出，所有题项的提取方差都大于 0.5。

表 5-18　　　　　　　　　　　合同治理的效度分析

项目	因子负载（Component）
	1
A1：节能服务外包合同反映了节能服务的复杂性	0.837
A2：节能服务外包合同包含了节能过程控制的条款	0.825
A3：节能服务外包合同包含了动态调整条款	0.659
A4：节能服务外包合同体现了节能结果的多元性	0.880
方差解释比例/%	67.11
总方差解释比例/%	67.11

表 5-18 显示单个因子共解释了总方差的 67.11%，观测变量对因子的负载符合要求，说明该分量表的结构效度较好，该部分的问卷设计可以通过。

（2）关系契约治理的效度分析

对关系契约治理进行探索性因子分析，结果表明巴特莱特半球体检验小于 0.001，拒绝相关矩阵为单位矩阵的原假设，支持因子分析。KMO 值为 0.893，大于 0.5 的可做因子分析的最低标准。按照特征根大于 1 的原则和最大方差法正交旋转进行因子抽取，得到两因子结构，各因子的提取方差和负载如表 5-19 所示（表中舍去了低于 0.5 的负载值）。可以看出，所有题项的提取方差都大于 0.5。

表 5-19　　　　　　　　　　　关系契约治理的效度分析

项目	因子负载（Component）	
	1	2
B1：A 公司对于我们来说是特别的	0.837	
B2：我觉得 A 公司是关心我们的	0.825	
B3：A 公司喜欢我们这样的客户	0.659	
C1：我觉得 A 公司的产品服务是物有所值的		0.713
C2：我觉得 A 公司是靠产品服务来赢取业务的		0.615
C3：我觉得请 A 公司为我们开展节能服务是值得的		0.839
方差解释比例/%	35.77	29.39
总方差解释比例/%	65.16	

表 5-19 显示两个因子共解释了总方差的 65.16%，观测变量对因子的负载符合要求，说明该分量表的结构效度较好，该部分的问卷设计可以通过。

（3）心理契约治理的效度分析

对心理契约治理进行探索性因子分析，结果表明巴特莱特半球体检验小于0.001，拒绝相关矩阵为单位矩阵的原假设，支持因子分析。KMO值为0.876，大于0.5的可做因子分析的最低标准。按照特征根大于1的原则和最大方差法正交旋转进行因子抽取，得到两因子结构，各因子的提取方差和负载如表5-20所示（表中舍去了低于0.5的负载值）。可以看出，所有题项的提取方差都大于0.5。

表5-20　　　　　　　　　　　　心理契约治理的效度分析

项目	因子负载（Component）	
	1	2
D1：对外包提出明确的要求	0.746	
D2：迅速足额付款	0.813	
D3：积极参与和配合项目开展	0.715	
D4：为外包提供管理支持	0.739	
E1：合理安排项目组成员		0.829
E2：项目组成员能与用能企业有效沟通		0.635
E3：对用能企业生产经营的影响较小		0.682
E4：有效转移节能知识		0.765
方差解释比例/%	36.28	31.23
总方差解释比例/%	67.51	

表5-20显示两个因子共解释了总方差的67.14%，观测变量对因子的负载符合要求，说明该分量表的结构效度较好，该部分的问卷设计可以通过。

（4）组织间承诺的效度分析

对组织间承诺进行探索性因子分析，结果表明巴特莱特半球体检验小于0.001，拒绝相关矩阵为单位矩阵的原假设，支持因子分析。KMO值为0.815，大于0.5的可做因子分析的最低标准。按照特征根大于1的原则和最大方差法正交旋转进行因子抽取，得到两因子结构。两个因子的提取方差和负载如表5-21所示（表中舍去了低于0.5的负载值）。可以看出，所有题项的提取方差都大于0.5。

表 5-21　　　　　　　　　　　　组织间承诺的效度分析

项目	因子负载（Component）	
	1	2
F1：我们企业很乐意为客户开展节能服务	0.843	
F2：我们企业感觉用能企业的节能问题就是我们的问题	0.865	
F3：在情感上，我们企业很认同用能企业	0.738	
G1：我们会尽量为用能企业创造更多的节能量		0.732
G2：我们有义务指导用能企业掌握相关的节能知识		0.809
方差解释比例/%	36.32	27.19
总方差解释比例/%	63.51	

表 5-21 显示两个因子共解释了总方差的 63.15%，观测变量对因子的负载符合要求，说明该分量表的结构效度较好，该部分的问卷设计可以通过。

（5）交易风险感知的效度分析

对交易风险感知进行探索性因子分析，结果表明巴特莱特半球体检验小于 0.001，拒绝相关矩阵为单位矩阵的原假设，支持因子分析。KMO 值为 0.908，大于 0.5 的可做因子分析的最低标准。按照特征根大于 1 的原则和最大方差法正交旋转进行因子抽取，得到单因子结构。单个因子的提取方差和负载如表 5-22 所示（表中舍去了低于 0.5 的负载值）。可以看出，所有题项的提取方差都大于 0.5。

表 5-22　　　　　　　　　　　　交易风险感知的效度分析

项目	因子负载（Component）
	1
H1：节能服务外包的时间风险	0.839
H2：节能服务外包的市场风险	0.828
H3：节能服务外包的财务风险	0.713
H4：节能服务外包的生产风险	0.867
方差解释比例/%	69.3
总方差解释比例/%	69.3

表 5-22 显示单个因子共解释了总方差的 69.3%，观测变量对因子的负载符合要求，说明该分量表的结构效度较好，该部分的问卷设计可以通过。

（6）情感承诺的效度分析

对情感承诺进行探索性因子分析，结果表明巴特莱特半球体检验小于

0.001，拒绝相关矩阵为单位矩阵的原假设，支持因子分析。KMO 值为 0.876，大于 0.5 的可做因子分析的最低标准。按照特征根大于 1 的原则和最大方差法正交旋转进行因子抽取，得到单因子结构。单个因子的提取方差和负载如表 5-23 所示（表中舍去了低于 0.5 的负载值）。可以看出，所有题项的提取方差都大于 0.5。

表 5-23 情感承诺的效度分析

项目	因子负载（Component）
	1
I1：我对这个节能服务项目有很深的感情	0.839
I2：我感觉这个节能服务项目组是一个小家庭	0.816
I3：我愿意为这个项目贡献业余时间	0.708
I4：我愿意为这个项目贡献全部心血	0.858
方差解释比例/%	69.67
总方差解释比例/%	69.67

表 5-23 显示单个因子共解释了总方差的 69.67%，观测变量对因子的负载符合要求，说明该分量表的结构效度较好，该部分的问卷设计可以通过。

（7）知识共享态度的效度分析

对知识共享态度进行探索性因子分析，结果表明巴特莱特半球体检验小于 0.001，拒绝相关矩阵为单位矩阵的原假设，支持因子分析。KMO 值为 0.913，大于 0.5 的可做因子分析的最低标准。按照特征根大于 1 的原则和最大方差法正交旋转进行因子抽取，得到单因子结构，单因子的提取方差和负载如表 5-24 所示（表中舍去了低于 0.5 的负载值）。可以看出，所有题项的提取方差都大于 0.5。

表 5-24 知识共享态度的效度分析

项目	因子负载（Component）
	1
J1：我愿意在节能服务中与对方交换经验	0.818
J2：我会对节能服务项目组成员贡献自己掌握的一些信息和资料	0.836
J3：当我不当班时，我也会给客户解答与项目相关的问题	0.736
方差解释比例/%	69.81
总方差解释比例/%	69.81

表 5-24 显示单个因子共解释了总方差的 69.81%，观测变量对因子的负载符合要求，说明该分量表的结构效度较好，该部分的问卷设计可以通过。

（8）用能企业外包管理能力的效度分析

对用能企业外包管理能力进行探索性因子分析，结果表明巴特莱特半球体检验小于 0.001，拒绝相关矩阵为单位矩阵的原假设，支持因子分析。KMO 值为 0.836，大于 0.5 的可做因子分析的最低标准。按照特征根大于 1 的原则和最大方差法正交旋转进行因子抽取，得到三因子结构。三个因子的提取方差和负载如表 5-25 所示（表中舍去了低于 0.5 的负载值）。可以看出，所有题项的提取方差都大于 0.5。

表 5-25　　　　　　　　用能企业外包管理能力的效度分析

项目	因子负载（Component）		
	1	2	3
K1：我们有处理外包业务相关信息的经验	0.749		
K2：我们知道怎么从节能服务公司处学习	0.783		
L1：我们有管理外包合同的经验		0.713	
L2：我们知道怎样与节能服务公司沟通		0.787	
M1：我们有专门跟节能服务公司对接的机构或人员			0.739
M2：我们能够处理好与节能服务公司的情感			0.813
方差解释比例/%	21.33	24.19	22.11
总方差解释比例/%	67.63		

表 5-25 显示三个因子共解释了总方差的 67.63%，观测变量对因子的负载符合要求，说明该分量表的结构效度较好，该部分的问卷设计可以通过。

（9）节能服务公司外包管理能力的效度分析

对节能服务公司外包管理能力进行探索性因子分析，结果表明巴特莱特半球体检验小于 0.001，拒绝相关矩阵为单位矩阵的原假设，支持因子分析。KMO 值为 0.805，大于 0.5 的可做因子分析的最低标准。按照特征根大于 1 的原则和最大方差法正交旋转进行因子抽取，得到两因子结构。两个因子的提取方差和负载如表 5-26 所示（表中舍去了低于 0.5 的负载值）。可以看出，所有题项的提取方差都大于 0.5。

表 5-26   节能服务公司外包管理能力的效度分析

项目	因子负载（Component）	
	1	2
O1：我们有处理外包信息的经验	0.714	
O2：我们有专门处理外包业务相关信息的机构或人员	0.827	
O3：我们在能源管理的流程再造方面有丰富的经验	0.709	
O4：我们有管理外包合同的经验	0.637	
P1：我们知道怎样与节能服务公司沟通		0.792
P2：我们能够处理好与用能企业的情感		0.816
方差解释比例/%	35.36	26.13
总方差解释比例/%	61.49	

表 5-26 显示两个因子共解释了总方差的 61.49%，观测变量对因子的负载符合要求，说明该分量表的结构效度较好，该部分的问卷设计可以通过。

（10）外包绩效的效度分析

对外包绩效进行探索性因子分析，结果表明巴特莱特半球体检验小于 0.001，拒绝相关矩阵为单位矩阵的原假设，支持因子分析。KMO 值为 0.869，大于 0.5 的可做因子分析的最低标准。按照特征根大于 1 的原则和最大方差法正交旋转进行因子抽取，得到两因子结构。两个因子的提取方差和负载如表 5-27 所示（表中舍去了低于 0.5 的负载值）。可以看出，所有题项的提取方差都大于 0.5。

表 5-27   外包绩效的效度分析

项目	因子负载（Component）	
	1	2
R1：我们对于节能服务外包项目的节能量感到满意	0.738	
R2：在节能服务项目结束后，企业的能源管理效益得到较大的改善	0.823	
S1：我们从节能服务公司学习到了节能管理的知识		0.769
S2：我们学习到节能管理知识后对于节能服务公司的依赖明显减少		0.712
S3：我们很好地将学习的节能管理知识运用到公司能源管理中去		0.638
方差解释比例/%	31.36	36.12
总方差解释比例/%	67.48	

表 5-27 显示两个因子共解释了总方差的 67.48%，观测变量对因子的负载符合要求，说明该分量表的结构效度较好，该部分的问卷设计可以通过。

第四节　假设检验

前文提出了节能服务外包治理方式对外包绩效的直接作用，节能服务外包治理方式对外包绩效影响中的中介作用，外包双方的外包管理能力在节能服务外包治理方式与外包绩效关系间的调节作用，以及节能服务外包治理方式的互动对外包绩效影响机理等理论模型，提出了相关的假设，并对变量进行了度量，本章运用线性回归分析和层次回归分析的方法来检验相关假设。

一、节能服务外包关系的治理方式对外包绩效的直接作用检验

为了检验假设 H1："节能服务外包关系的合同治理与外包绩效存在显著的正向关系"。将大样本调查的数据输入 SPSS 21.0 进行回归分析，回归模型的拟合情况如表 5-28 所示。可以看出模型是显著的，显著性水平为 0.001，同时调整后的 R^2 达到 0.732。

表 5-28　节能服务外包关系的合同治理对外包绩效影响模型的拟合情况

N	R^2	调整后的 R	F	Sig.
183	0.783	0.732	61.263	0.000

回归分析的结果如表 5-29 所示。从表 5-29 可以看出，节能服务外包关系的合同治理对外包绩效有着显著的正相关关系，回归系数为 0.526（ $p < 0.001$ ）。

表 5-29　节能服务外包关系的合同治理对外包绩效影响模型的回归分析结果

变量	B	Std. Error	T	Sig.
截距	0.338	0.156	1.013	0.083
合同治理	0.526	0.038	34.321	0.000

为了检验假设 H2："节能服务外包关系的关系契约治理与外包绩效存在显著的正向关系"。将大样本调查的数据输入 SPSS 21.0 进行回归分析，回归模型的拟合情况如表 5-30 所示。可以看出模型是显著的，显著性水平为 0.001，同时调整后的 $R^2 = 0.783$。

表5-30 节能服务外包关系的关系契约治理对外包绩效影响模型的拟合情况

N	R^2	调整后的 R^2	F	Sig.
183	0.776	0.783	61.391	0.000

回归分析的结果如表5-31所示。从表5-31可以看出，节能服务外包关系的关系契约治理对外包绩效有着显著的正相关关系，回归系数为0.561($p<$ 0.001)。

表5-31 节能服务外包关系的关系契约治理对外包绩效影响模型的回归分析结果

变量	B	Std. Error	T	Sig.
截距	0.337	0.139	1.003	0.098
关系契约治理	0.561	0.037	35.209	0.000

为了检验假设H3："节能服务外包关系的心理契约治理与外包绩效存在显著的正向关系"。将大样本调查的数据输入SPSS 21.0进行回归分析，回归模型的拟合情况如表5-32所示。可以看出模型是显著的，显著性水平为0.001，同时调整后的 R^2 达到0.768。

表5-32 节能服务外包关系的心理契约治理对外包绩效影响模型的拟合情况

N	R^2	调整后的 R^2	F	Sig.
183	0.813	0.768	63.216	0.000

回归分析的结果如表5-33所示。从表5-33可以看出，节能服务外包关系的心理契约治理对外包绩效有着显著的正相关关系，回归系数为0.576($p<$ 0.001)。

表5-33 节能服务外包关系的心理契约治理对外包绩效影响模型的回归分析结果

变量	B	Std. Error	T	Sig.
截距	0.360	0.173	1.012	0.009
心理契约治理	0.576	0.043	35.322	0.000

二、节能服务外包治理方式对外包绩效影响中的中介作用检验

根据Baron和Kenny(1986)所提出的中介作用检验程序，一个变量成为中介变量必须满足下面的三个条件：

① 自变量和中介变量分别与因变量的关系显著；

② 自变量与中介变量的关系显著；

③ 在中介变量进入方程以后，如果自变量与因变量之间关系的显著程度降低，说明中介变量在自变量与因变量之间存在部分中介作用，如果自变量与因变量之间的关系变得不再显著，中介变量在自变量与因变量之间存在完全中介作用。

（一）组织间承诺、交易风险感知在合同治理与外包绩效间的中介作用

前文的统计分析表明，合同治理与外包绩效间存在显著的正相关关系。下面首先检验组织间承诺、交易风险感知与外包绩效之间的关系。然后，进一步检验组织间承诺、交易风险感知与合同治理之间的关系。

回归分析的结果如表 5-34 所示。回归结果表明，组织间承诺、交易风险感知与外包绩效存在显著的正相关关系，回归系数分别为 $0.625(p<0.001)$，$0.513(p<0.001)$。组织间承诺、交易风险感知与合同治理之间存在显著的正相关关系，回归系数分别为 $0.413(p<0.001)$，$0.352(p<0.001)$。

表 5-34　组织间承诺、交易风险感知对外包绩效和合同治理的回归分析结果

	被解释变量			
	模型 I（外包绩效）		模型 II（合同治理）	
	B	T	B	T
控制变量				
规模	控制		控制	
行业	控制		控制	
解释变量				
组织间承诺	0.625***	18.161	0.413***	17.213
交易风险感知	0.513***	13.316	0.352***	14.413
R^2	0.479		0.530	
调整后的 R^2	0.437		0.492	
F	11.432		14.024	

注：***代表 $p<0.01$。

下面本书进一步分析组织间承诺、交易风险感知在合同治理与外包绩效间的中介作用。将组织间承诺、交易风险感知分别输入合同治理与外包绩效的回

归方程。组织间承诺、交易风险感知在合同治理与外包绩效间中介作用的回归分析结果显示（如表5-35所示）：在加入组织间承诺后，合同治理与外包绩效间的相关关系不显著，表明组织间承诺在合同治理与外包绩效间不存在中介效应；在加入交易风险感知后，合同治理与外包绩效间的相关关系减弱，表明交易风险感知在合同治理与外包绩效间存在部分中介效应。

表5-35　组织间承诺、交易风险感知在合同治理与外包绩效间中介作用的回归分析结果

	被解释变量			
	模型 I（外包绩效）		模型 II（外包绩效）	
	B	T	B	T
控制变量				
规模	控制		控制	
行业	控制		控制	
解释变量				
合同治理	0.157**	2.143	0.336***	2.633**
组织间承诺	0.093	3.736		
交易风险感知			0.286**	4.152***
R^2	0.332		0.536	
调整后的 R^2	0.388		0.493	
F	10.576		12.712	

注：***代表 $p<0.01$，**代表 $p<0.05$。

（二）组织间承诺、交易风险感知在关系契约治理与外包绩效间的中介作用

前文的统计分析表明，关系契约治理与外包绩效间存在显著的正相关关系，组织间承诺、交易风险感知与外包绩效之间存在显著的正相关的关系。下面进一步检验组织间承诺、交易风险感知与关系契约治理之间的关系。

回归分析的结果如表5-36所示。回归结果表明，组织间承诺、交易风险感知与关系契约治理之间存在显著的正相关关系，回归系数分别为 0.538（$p<0.001$），0.412（$p<0.001$）。

表 5-36　组织间承诺、交易风险感知对外包绩效和关系契约治理的回归分析结果

	被解释变量			
	模型 I （外包绩效）		模型 II （关系契约治理）	
	B	T	B	T
控制变量				
规模	控制		控制	
行业	控制		控制	
解释变量				
组织间承诺	10.625 ***	18.161	0.538 ***	16.235
交易风险感知	0.513 ***	13.316	0.412 ***	13.451
R^2	0.479		0.561	
调整后的 R^2	0.437		0.498	
F	11.432		13.035	

注：*** 代表 $p<0.01$，** 代表 $p<0.05$，* 代表 $p<0.1$。

　　下面本书进一步分析组织间承诺、交易风险感知在关系契约治理与外包绩效间的中介作用。将组织间承诺、交易风险感知分别输入关系契约治理与外包绩效的回归方程。组织间承诺、交易风险感知在关系契约治理与外包绩效间中介作用的回归分析结果显示（如表 5-37 所示）：在加入组织间承诺后，关系契约治理与外包绩效间的相关关系减弱，表明组织间承诺在关系契约治理与外包绩效间存在部分中介效应；在加入交易风险感知后，关系契约治理与外包绩效间的相关关系减弱，表明交易风险感知在关系契约治理与外包绩效间存在部分中介效应。

表 5-37　组织间承诺、交易风险感知在关系契约治理与外包绩效间中介作用的回归分析结果

	被解释变量			
	模型 I （外包绩效）		模型 II （外包绩效）	
	B	T	B	T
控制变量				
规模	控制		控制	
行业	控制		控制	
解释变量				
关系契约治理	0.283 ***	8.532	0.239 **	1.633

续表 5-37

	被解释变量			
	模型 I （外包绩效）		模型 II （外包绩效）	
	B	*T*	*B*	*T*
组织间承诺	0.275***	7.695		
交易风险感知			0.286**	4.152
R^2	0.635		0.664	
调整后的 R^2	0.498		0.513	
F	12.615		12.832	

注：***代表 $p<0.01$，**代表 $p<0.05$，*代表 $p<0.1$。

（三）组织间承诺、交易风险感知在心理契约治理与外包绩效间的中介作用

前文的统计分析表明，关系契约治理与外包绩效间存在显著的正相关关系，组织间承诺、交易风险感知与外包绩效之间存在显著的正相关的关系。下面进一步检验组织间承诺、交易风险感知与心理契约治理之间的关系。

回归分析的结果如表 5-38 所示。回归结果表明，组织间承诺、交易风险感知与心理契约治理之间存在显著的正相关关系，回归系数分别为 0.453（$p<0.001$），0.461（$p<0.001$）。

表 5-38　组织间承诺、交易风险感知和心理契约治理对外包绩效的回归分析结果

	被解释变量			
	模型 I （外包绩效）		模型 II （心理契约治理）	
	B	*T*	*B*	*T*
控制变量				
规模	控制		控制	
行业	控制		控制	
解释变量				
组织间承诺	0.625***	18.161	0.453***	19.342
交易风险感知	0.513***	13.316	0.461***	15.369
R^2	0.479		0.546	
调整后的 R^2	0.437		0.499	
F	11.432		14.531	

注：***代表 $p<0.01$，**代表 $p<0.05$，*代表 $p<0.1$。

下面本书进一步分析组织间承诺、交易风险感知在心理契约治理与外包绩效间的中介作用。将组织间承诺、交易风险感知分别输入心理契约治理与外包绩效的回归方程。组织间承诺、交易风险感知在心理契约治理与外包绩效间中介作用的回归分析结果显示（如表5-39所示）：在加入组织间承诺后，心理契约治理与外包绩效间的相关关系减弱，表明组织间承诺在心理契约治理与外包绩效间存在部分中介效应；在加入交易风险感知后，心理契约治理与外包绩效间的相关关系减弱，表明交易风险感知在心理契约治理与外包绩效间存在部分中介效应。

表5-39 组织间承诺、交易风险感知在心理契约治理与外包绩效间中介作用的回归分析结果

	被解释变量			
	模型 I（外包绩效）		模型 II（外包绩效）	
	B	T	B	T
控制变量				
规模	控制		控制	
行业	控制		控制	
解释变量				
心理契约治理	0.165**	2.135	0.367***	1.657
组织间承诺	0.331**	3.816		
交易风险感知			0.298**	4.253
R^2	0.557		0.578	
调整后的 R^2	0.498		0.513	
F	13.361		13.626	

注：***代表$p<0.01$，**代表$p<0.05$，*代表$p<0.1$。

三、网络结构对三种外包治理方式之间关系的调节作用检验

（一）网络结构对项目经理的情感承诺与组织间承诺之间关系的调节效应

运用层次回归分析方法检验外包关系网络的关系嵌入对项目经理的情感承诺与组织间承诺之间关系的调节效应。第一步，使项目经理的情感承诺和关系嵌入进入回归方程，对其与组织间承诺进行回归。回归结果表明，项目经理的情感承诺与组织间承诺之间存在显著的正向关系。第二步，为了检验调节效应，将变量"项目经理的情感承诺＊关系嵌入"输入回归方程。回归结果表明（如表5-40中模型M2所示），在引入情感承诺和关系嵌入的交叉项后，模

型对组织间承诺做出了新的贡献，解释的变异量增加 2.3%（$\beta = 0.121$，$p < 0.05$）。这说明关系嵌入调节了项目经理的情感承诺与组织间承诺之间的关系。假设 H10 得到支持。

运用层次回归分析方法检验外包关系网络的结构嵌入对项目经理的情感承诺与组织间承诺之间关系的调节效应。第一步，将项目经理的情感承诺和结构嵌入输入回归方程，对其与组织间承诺进行回归。回归结果表明，情感承诺与组织间承诺之间存在显著的正向关系。第二步，为了检验调节效应，将变量"项目经理的情感承诺 * 结构嵌入"输入回归方程。回归结果表明（如表 5-40 中模型 M4 所示），在引入情感承诺和结构嵌入的交叉项后，模型对组织间承诺做出了新的贡献，解释的变异量增加 2.4%（$\beta = 0.118$，$p < 0.05$）。这说明结构嵌入调节了项目经理的情感承诺与组织间承诺之间的关系。假设 H11 得到支持。

表 5-40　网络结构对项目经理的情感承诺与组织间承诺间调节效应的层次回归分析结果

变量	组织间承诺			
	M1	M2	M3	M4
控制变量				
规模	控制	控制	控制	控制
行业	控制	控制	控制	控制
项目经理的情感承诺	0.361 ***	0.347 ***	0.402 ***	0.353 ***
关系嵌入	0.193 **	0.182 **		
结构嵌入			0.181 **	0.172 **
项目经理的情感承诺 * 关系嵌入		0.173 **		
项目经理的情感承诺 * 结构嵌入				0.197 **
R^2	0.041	0.055	0.046	0.067
ΔR^2		0.023		0.024
F	7.083 ***	6.453 ***	2.582 *	2.202 *

注：*** 代表 $p < 0.001$，** 代表 $p < 0.01$，* 代表 $p < 0.05$。

（二）网络结构对项目经理的情感承诺与交易风险感知之间关系的调节效应

运用层次回归分析方法检验外包关系网络的关系嵌入对项目经理的情感承诺与交易风险感知之间关系的调节效应。第一步，将项目经理的情感承诺和关系嵌入输入回归方程，对其与交易风险感知进行回归。回归结果表明，情感承诺与交易风险感知之间存在显著的正向关系。第二步，为了检验调节效应，将变量"项目经理的情感承诺 * 关系嵌入"输入回归方程。回归结果表明（如表 5-41 中模型 M2 所示），在引入情感承诺和关系嵌入的交叉项后，模型对交易风险感知做出了新的贡献，解释的变异量增加 2.4%（$\beta = 0.158$，$p < 0.05$）。这说明关系嵌入调节了项目经理的情感承诺与交易风险感知之间的关系。假设 H12 得到支持。

运用层次回归分析方法检验外包关系网络的结构嵌入对项目经理的情感承诺与交易风险感知之间关系的调节效应。第一步，将项目经理的情感承诺和结构嵌入输入回归方程，对其与交易风险感知进行回归。回归结果表明，情感承诺与交易风险感知之间存在显著的正向关系。第二步，为了检验调节效应，将变量"项目经理的情感承诺＊结构嵌入"输入回归方程。回归结果表明（如表5-41中模型 M4 所示），在引入情感承诺和结构嵌入的交叉项后，模型对交易风险感知做出了新的贡献，解释的变异量增加 3.5%（$\beta = 0.123$，$p < 0.05$）。这说明结构嵌入调节了项目经理的情感承诺与交易风险感知之间的关系。假设 H13 得到支持。

表5-41　网络结构对项目经理的情感承诺与交易风险感知间调节效应的层次回归分析结果

变量	交易风险感知			
	M1	M2	M3	M4
控制变量				
规模	控制	控制	控制	控制
行业	控制	控制	控制	控制
项目经理的情感承诺	0.373 ***	0.361 ***	0.431 ***	0.161 ***
关系嵌入	0.325 ***	0.316 ***		
结构嵌入			0.171 **	0.187 **
项目经理的情感承诺＊关系嵌入		0.173 ***		
项目经理的情感承诺＊结构嵌入				0.252 **
R^2	0.043	0.063	0.031	0.076
ΔR^2		0.024		0.035
F	7.135 ***	7.436 ***	2.891 *	2.535 *

注：＊＊＊代表 $p < 0.001$，＊＊代表 $p < 0.01$，＊代表 $p < 0.05$。

（三）网络结构对项目经理的知识共享态度与组织间承诺之间关系的调节效应

运用层次回归分析方法检验外包关系网络的关系嵌入对项目经理的知识共享态度与组织间承诺之间关系的调节效应。第一步，将项目经理的知识共享态度和关系嵌入输入回归方程，对其与组织间承诺进行回归。回归结果表明，项目经理的知识共享态度与组织间承诺之间存在显著的正向关系。第二步，为了检验调节效应，将变量"项目经理的知识共享态度＊关系嵌入"输入回归方程。回归结果表明（如表 5-42 中模型 M2 所示），在引入知识共享态度和关系嵌入的交叉项后，模型对组织间承诺做出了新的贡献，解释的变异量增加 3.2%（$\beta=0.231$，$p<0.05$）。这说明关系嵌入调节了项目经理的知识共享态度与组织间承诺之间的关系。假设 H14 得到支持。

运用层次回归分析方法检验外包关系网络的结构嵌入对项目经理的知识共享态度与组织间承诺之间关系的调节效应。第一步，将项目经理的知识共享态度和结构嵌入输入回归方程，对其与组织间承诺进行回归。回归结果表明，知识共享态度与组织间承诺之间存在显著的正向关系。第二步，为了检验调节效应，将变量"项目经理的知识共享态度 * 结构嵌入"输入回归方程。回归结果表明（如表 5-42 中模型 M4 所示），在引入知识共享态度和结构嵌入的交叉项后，模型对组织间承诺做出了新的贡献，解释的变异量增加 3.8%（$\beta=0.215$，$p<0.01$）。这说明结构嵌入调节了项目经理的知识共享态度与组织间承诺之间的关系。假设 H15 得到支持。

表 5-42　网络结构对项目经理的知识共享态度与组织间承诺间调节效应的层次回归分析结果

变量	组织间承诺			
	M1	M2	M3	M4
控制变量				
规模	控制	控制	控制	控制
行业	控制	控制	控制	控制
项目经理的知识共享态度	0.356***	0.336***	0.481***	0.351***
关系嵌入	0.236**	0.213**		
结构嵌入			0.252**	0.195**
项目经理的知识共享态度 * 关系嵌入		0.193**		
项目经理的知识共享态度 * 结构嵌入				0.191***
R^2	0.046	0.067	0.021	0.081
ΔR^2		0.032		0.038
F	7.381***	6.539***	3.164*	3.098**

注：*** 代表 $p<0.001$，** 代表 $p<0.01$，* 代表 $p<0.05$。

（四）网络结构对项目经理的知识共享态度与交易风险感知之间关系的调节效应

运用层次回归分析方法检验外包关系网络的关系嵌入对项目经理的知识共享态度与交易风险感知之间关系的调节效应。第一步，将项目经理的知识共享态度和关系嵌入输入回归方程，对其与交易风险感知进行回归。回归结果表明，项目经理的知识共享态度与交易风险感知之间存在显著的正向关系。第二步，为了检验调节效应，将变量"项目经理的知识共享态度 * 关系嵌入"输入回归方程。回归结果表明（如表5-43中模型M2所示），在引入知识共享态度和关系嵌入的交叉项后，模型对交易风险感知做出了新的贡献，解释的变异量增加2.8%（$\beta=0.133$，$p<0.001$）。这说明关系嵌入调节了项目经理的知识共享态度与交易风险感知之间的关系。假设H16得到支持。

运用层次回归分析方法检验外包关系网络的结构嵌入对项目经理的知识共享态度与交易风险感知之间关系的调节效应。第一步，将项目经理的知识共享态度和结构嵌入输入回归方程，对其与交易风险感知进行回归。回归结果表明，知识共享态度与交易风险感知之间存在显著的正向关系。第二步，为了检验调节效应，将变量"项目经理的知识共享态度 * 结构嵌入"输入回归方程。回归结果表明（如表5-43中模型M4所示），在引入知识共享态度和结构嵌入的交叉项后，模型对交易风险感知做出了新的贡献，解释的变异量增加2.1%（$\beta=0.118$，$p<0.05$）。这说明结构嵌入调节了项目经理的知识共享态度与交易风险感知之间的关系。假设H17得到支持。

表5-43　网络结构对项目经理的知识共享态度与交易风险感知间调节效应的层次回归分析结果

变量	交易风险感知			
	M1	M2	M3	M4
控制变量				
规模	控制	控制	控制	控制
行业	控制	控制	控制	控制
项目经理的知识共享态度	0.412***	0.357***	0.309***	0.295***
关系嵌入	0.236**	0.191**		
结构嵌入			0.213**	0.187**
项目经理的知识共享态度 * 关系嵌入		0.271***		
项目经理的知识共享态度 * 结构嵌入				0.243**
R^2	0.045	0.069	0.039	0.059
ΔR^2		0.028		0.021
F	8.381***	7.423***	3.581*	3.291*

注：*** 代表$p<0.001$，** 代表$p<0.01$，* 代表$p<0.05$。

四、外包管理能力在治理方式与外包绩效关系间的调节作用检验

（一）外包管理能力在合同治理与外包绩效间的调节效应

运用层次回归分析方法检验用能企业的外包管理能力对合同治理与外包绩效之间关系的调节效应。第一步，将用能企业的外包管理能力和合同治理输入回归方程，对其与外包绩效进行回归。回归结果表明，用能企业的外包管理能力与外包绩效之间存在显著的正向关系。第二步，为了检验调节效应，将变量"合同治理 * 用能企业的外包管理能力"输入回归方程。回归结果表明（如表5-44中模型 M2 所示），在引入"合同治理 * 用能企业的外包管理能力"的交叉项后，模型不显著。因此，用能企业的外包管理能力没有调节合同治理与外包绩效之间的关系。假设 H18 没有得到支持。

运用层次回归分析方法检验节能服务公司的外包管理能力对合同治理与外包绩效之间关系的调节效应。第一步，将节能服务公司的外包管理和合同治理输入回归方程，对其与外包绩效进行回归。回归结果表明，节能服务公司的外包管理能力与外包绩效之间存在显著的正向关系。第二步，为了检验调节效应，将变量"合同治理 * 节能服务公司的外包管理能力"输入回归方程。回归结果表明（如表5-44中模型 M4 所示），在引入合同治理 * 节能服务公司的外包管理能力的交叉项后，模型不显著。因此，节能服务公司的外包管理能力没有调节合同治理与外包绩效之间的关系。假设 H19 没有得到支持。

表5-44　外包管理能力在合同治理与外包绩效间调节效应的层次回归分析结果

变量	外包绩效			
	M1	M2	M3	M4
控制变量				
规模	控制	控制	控制	控制
行业	控制	控制	控制	控制
合同治理	0.451***	0.357***	0.362***	0.315***
用能企业的外包管理能力	0.332***	0.151***		
节能服务公司的外包管理能力			0.251**	0.201**
合同治理 * 用能企业的外包管理能力		0.033		
合同治理 * 节能服务公司的外包管理能力				0.087
R^2	0.061	0.063	0.021	0.052
ΔR^2		0.002		0.011
F	9.133***	8.431	3.185**	2.985

注：*** 代表 $p<0.001$，** 代表 $p<0.01$，* 代表 $p<0.05$。

（二）外包管理能力在关系契约治理与外包绩效间的调节效应

运用层次回归分析方法检验用能企业的外包管理能力对关系契约治理与外包绩效之间关系的调节效应。第一步，将用能企业的外包管理能力和关系契约治理输入回归方程，对其与外包绩效进行回归。回归结果表明，用能企业的外包管理能力与外包绩效之间存在显著的正向关系。第二步，为了检验调节效应，将变量"关系契约治理 * 用能企业的外包管理能力"输入回归方程。回归结果表明（如表 5-45 中模型 M2 所示），在引入"关系契约治理 * 用能企业的外包管理能力"的交叉项后，模型对外包绩效做出了新的贡献，解释的变异量增加 3.3%（$\beta = 0.236$，$p < 0.001$）。因此，用能企业的外包管理能力正向调节了关系契约治理与外包绩效之间的关系。假设 H20 得到支持。

运用层次回归分析方法检验节能服务公司的外包管理能力对关系契约治理与外包绩效之间关系的调节效应。第一步，将关系契约治理和节能服务公司的外包管理能力输入回归方程，对其与外包绩效进行回归。回归结果表明，节能服务公司的外包管理能力与外包绩效之间存在显著的正向关系。第二步，为了检验调节效应，将变量"关系契约治理 * 节能服务公司的外包管理能力"输入回归方程。回归结果表明（如表 5-45 中模型 M4 所示），在引入"关系契约治理 * 节能服务公司的外包管理能力"的交叉项后，模型对外包绩效做出了新的贡献，解释的变异量增加 3.8%（$\beta = 0.179$，$p < 0.05$）。因此，节能服务公司的外包管理能力正向调节了关系契约治理与外包绩效之间的关系。假设 H21 得到支持。

表 5-45 外包管理能力在关系契约治理与外包绩效间调节效应的层次回归分析结果

变量	外包绩效			
	M1	M2	M3	M4
控制变量				
规模	控制	控制	控制	控制
行业	控制	控制	控制	控制
关系契约治理	0.356***	0.347***	0.532***	0.516***
用能企业的外包管理能力	0.236**	0.253***		
节能服务公司的外包管理能力			0.251**	0.236**
关系契约治理 * 用能企业的外包管理能力		0.291***		
关系契约治理 * 节能服务公司的外包管理能力				0.213***
R^2	0.068	0.096	0.061	0.097
ΔR^2		0.033		0.038
F	12.085***	11.538***	12.526*	12.282*

注：*** 代表 $p < 0.001$，** 代表 $p < 0.01$，* 代表 $p < 0.05$。

（三）外包管理能力在心理契约治理与外包绩效间的调节效应

运用层次回归分析方法检验用能企业的外包管理能力对心理契约治理与外包绩效之间关系的调节效应。第一步，将心理契约治理和用能企业的外包管理能力输入回归方程，对其与外包绩效进行回归。回归结果表明，用能企业的外包管理能力与外包绩效之间存在显著的正向关系。第二步，为了检验调节效应，将变量"心理契约治理 * 用能企业的外包管理能力"输入回归方程。回归结果表明（如表 5-46 中模型 M2 所示），在引入用能企业的外包管理能力 * 心理契约治理的交叉项后，模型对外包绩效做出了新的贡献，解释的变异量增加 4.1%（$\beta = 0.201$，$p < 0.001$）。因此，用能企业的外包管理能力正向调节了心理契约治理与外包绩效之间的关系。假设 H22 得到支持。

运用层次回归分析方法检验节能服务公司的外包管理能力对心理契约治理与外包绩效之间关系的调节效应。第一步，将心理契约治理和节能服务公司的外包管理能力输入回归方程，对其与外包绩效进行回归。回归结果表明，节能服务公司的外包管理能力与外包绩效之间存在显著的正向关系。第二步，为了检验调节效应，使变量"心理契约治理 * 节能服务公司的外包管理能力"输入回归方程。回归结果表明（如表 5-46 中模型 M4 所示），在引入"心理契约治理 * 节能服务公司的外包管理能力"的交叉项后，模型对外包绩效作出了新的贡献，解释的变异量增加 2.8%（$\beta = 0.186$，$p < 0.01$）。因此，节能服务公司的外包管理能力正向调节了心理契约治理与外包绩效之间的关系。假设 H23 得到支持。

表 5-46 外包管理能力在心理契约治理与外包绩效间调节效应的层次回归分析结果

变量	外包绩效			
	M1	M2	M3	M4
控制变量				
规模	控制	控制	控制	控制
行业	控制	控制	控制	控制
心理契约治理	0.453 ***	0.357 ***	0.403 ***	0.268 ***
用能企业的外包管理能力	0.231 **	0.208 ***		
节能服务公司的外包管理能力			0.253 **	0.281 **
心理契约治理 * 用能企业的外包管理能力		0.215 **		
心理契约治理 * 节能服务公司的外包管理能力				0.196 **
R^2	0.045	0.079	0.051	0.085
ΔR^2		0.041		0.028
F	15.033 ***	14.651 ***	12.502 **	12.273 **

注：*** 代表 $p < 0.001$，** 代表 $p < 0.01$，* 代表 $p < 0.05$。

第五节　研究总结与启示

一、实证研究总结与讨论

前文的实证研究发现一些重要的结果：

① 节能服务外包关系的合约治理、关系契约治理和心理契约治理与外包绩效存在显著的正向关系；

② 交易风险感知在合同治理对外包绩效的影响中存在中介作用；

③ 组织间承诺、交易风险感知在关系契约治理对外包绩效的影响中存在中介作用；

④ 项目经理的情感承诺和知识共享态度在心理契约治理对外包绩效的影响中存在中介作用；

⑤ 外包关系网络的关系嵌入、结构嵌入会正向调节项目经理的情感承诺与组织间承诺的关系；

⑥ 外包关系网络的关系嵌入、结构嵌入会正向调节项目经理的情感承诺与交易风险感知间的关系；

⑦ 外包关系网络的关系嵌入、结构嵌入会正向调节项目经理的知识共享态度与组织间承诺的关系；

⑧ 用能企业和节能服务公司的外包管理能力正向调节关系契约治理与外包绩效间的关系；

⑨ 用能企业和节能服务公司的外包管理能力正向调节心理契约治理与外包绩效间的关系。

实证研究还发现：

① 组织间承诺在合同治理对外包绩效的影响中不存在中介作用；

② 用能企业的外包管理能力没有调节合同治理与外包绩效间的关系；

③ 节能服务公司的外包管理能力没有调节合同治理与外包绩效间的关系。

这说明，在节能服务外包实施时，合同治理并不能给双方带来组织间承诺。节能服务双方在合同签订之后，外包管理能力并没有对外包绩效带来影响。为什么会产生这样的结果呢？一个可能的原因在于，随着节能服务外包的快速发展，节能服务外包双方签订的合同正逐渐规范化，降低了合同执行期间的不确定性。另外，对于节能服务开展中的节能量计算，已经形成了比较成熟的方法，节能改造技术的透明度也在增加，这就降低了节能服务合同的复杂性，使得合同执行中对双方能力的要求有所降低。

二、研究启示

前文的实证研究对于中国节能服务外包的关系治理带来了重要的启示。

（1）关注节能服务中的心理契约，加强引导与沟通，防止心理契约违背

实证研究发现，心理契约是节能服务的一种重要治理方式。因此，节能服务公司首先要引导项目经理重视、履行心理契约。对项目经理进行心理契约理论知识、心理契约建立和维护的培训，掌握心理契约的特点与重要意义。其次，节能服务公司要积极防范在节能服务提供中，产生心理契约的违背。很多时候，用能企业不信任节能服务公司，并不是因为节能服务公司在提供节能服务时未履行心理契约，而是因为用能企业对节能服务公司有着过高的期望，以及双方沟通不充分，导致了对心理契约存在误解。Paul A. Pavlou 和 David Gefen（2005）的研究发现，心理契约违背存在两个来源：拒绝履约和理解歧义。因此，节能服务公司应注重心理契约的管理，引导客户形成合理的心理契约。虽然心理契约大多是隐含的、非正式的，但节能服务公司可以将心理契约的某些内容更公开化、具体化，从而强化节能服务公司与用能企业之间的心理契约。当然，节能服务公司也要避免过度地宣传与承诺，以避免使用能企业产生过高的心理预期。再次，节能服务公司要了解用能企业对节能服务公司的承诺或义务的感知，并积极沟通。节能服务公司在保证较高的节能服务质量的基础上给予用能企业更多的情感关怀，要关注节能服务公司在节能服务中的满意程度，认真倾听与正确地处理一些抱怨或不满，采取切实有效的补救措施扭转用能企业的不满态度，尽量达成再次满意或促使更加满意，以建立和发展关系型心理契约。最后，进行心理契约的动态维护。心理契约是一个动态的过程，需要不断根据双方期望的变化进行修订，因此，节能服务公司在服务提供中要经常了解用能企业的期望，建立符合实际的心理契约。尽管心理契约是一种隐含的协议，但是沟通能够帮助节能服务公司与用能企业更加了解双方的期望和义务。节能服务公司应当采取积极、主动的姿态，通过组织项目会议、现场对话等多种沟通方式，并制订一定的沟通制度，与用能企业进行沟通。

（2）发挥节能服务项目经理的作用，塑造良好的人际关系，推动组织间承诺和信任关系的形成，推动心理契约治理效应到合同治理和关系契约治理效应的传导

实证研究发现，项目经理的情感承诺和知识共享态度在心理契约治理对外包绩效的影响中存在中介作用。这些研究结论揭示了节能服务外包关系的心理契约治理效应传导到合同治理和关系契约治理的具体机制，也反映了节能服务外包项目组成员间的人际关系影响组织间关系的具体机制，给节能服务外包关

系的治理带来了重要的启示：在治理节能服务外包关系时，可从塑造项目组人际关系着手，推动节能服务公司和用能企业之间形成良好的组织间关系，实现从良好人际关系到高绩效组织间关系的传导。在节能服务中，外包双方的项目经理具有较大的决策权，往往会代表企业履行责任和义务。项目经理对另一方心理契约履行情况的感知会影响其情感、承诺，并通过外包网络关系传递，进而影响组织间层面的关系治理方式，甚至是关系的终止或持续。因此，在组建节能服务外包项目组时，节能服务公司和用能企业都需要配备一个既懂能源管理，又懂如何进行人际关系管理的项目经理。在节能服务外包项目实施中，要让彼此的项目经理认识到自己是良好的组织间关系建立和维护的第一线人员，项目组成员之间的沟通、关系规范的形成，是实现节能效益、获取节能知识的关键前提条件。

（3）构建联系紧密、闭合的外包关系网络结构，推动心理契约治理效应到合同治理和关系契约治理效应的传导

实证研究发现，外包关系网络的关系嵌入、结构嵌入会正向调节项目经理的情感承诺与组织间承诺的关系；外包关系网络的关系嵌入、结构嵌入会正向调节项目经理的情感承诺与交易风险感知间的关系；外包关系网络的关系嵌入、结构嵌入会正向调节项目经理的知识共享态度与组织间承诺的关系。这些研究结论揭示了节能服务外包关系的心理契约治理效应传导到合同治理和关系契约治理的影响机制，也给我们如何管理节能服务外包的关系指明了方向。即，加强项目组成员之间的互动、沟通，构建联系紧密、闭合的外包关系网络结构，推动正确心理契约的形成，进而提高合同治理和关系契约治理的效果。

（4）认清外包管理能力的构成，提高外包管理能力，为节能服务外包绩效提升奠定基础

实证研究发现：用能企业和节能服务公司的外包管理能力正向调节了关系契约治理与外包绩效间的关系；用能企业和节能服务公司的外包管理能力正向调节了心理契约治理与外包绩效间的关系。但是，用能企业和节能服务公司的外包管理能力都没有调节合同治理与外包绩效间的关系。这说明，无论是用能企业和节能服务公司，在开展节能服务的合同管理、信息管理等方面已经具备了应有的能力。在今后的节能服务外包中，需要更加注重影响心理契约治理、关系契约治理效果的情感管理、关系管理等能力，将这些能力作为外包管理能力的重要维度来培养，从而提升节能服务外包绩效。

第 六 章

节能服务中的客户参与和信任培育机制研究

作为一种专业化服务，节能服务具有较高的资产专用性与不确定性（韩贯芳和闫乃福，2010），节能量的计算也比较复杂。因此，信任的培育对于节能服务合作关系的治理非常关键。遗憾的是，当前我国节能服务公司的发展恰恰受制于客户对节能服务公司的不信任。不少节能服务公司提出，客户不信任节能服务公司的技术、能力和道德品质，导致项目实施过程中的交易成本较高，影响了节能效益，有时甚至被迫中止项目。综述组织间信任产生机制的相关研究，我们发现，前人对组织间信任产生机制的研究多从静态视角展开，并且没有结合节能服务的特征，剖析节能服务中客户信任的产生机制，找到影响信任形成的关键因素。在对多个节能服务项目调研的基础上，运用交易成本理论，我们提出了客户对节能服务公司的三种信任：计算信任、能力信任、情感信任。在节能服务项目周期的各个阶段，这三种信任有着不同的交易成本，在节能服务关系治理的重要程度方面也有所差异。调研还发现，客户如能积极参与节能服务，将在很大程度上促进客户信任的形成和项目的顺利实施。遗憾的是，现在对节能服务中的客户参与类型，节能服务中的客户参与对客户信任的影响机理尚未开展研究。基于这一现实思考，本章试图运用社会交换理论、交易成本理论、组织间信任理论和客户参与理论，从节能服务项目周期的动态视角研究节能服务中的客户信任类型与特征、客户信任形成机制，剖析客户参与行为对客户信任培育的影响机理，并对中国节能用户进行问卷调查，收集数据进行实证，以期指导客户积极参与节能服务，培育节能服务公司与客户的信任关系，推动我国节能服务产业的发展，促进中国经济增长方式转变和经济可持续发展。

第一节　节能服务的社会交换性质与客户信任治理

一、节能服务的社会交换性质

一般来说，涉及服务的经济交换比基于商品的纯粹经济交换要复杂，更接近于社会交换。典型的社会交换中存在给交换对方带来某种义务性质的回报，但回报的性质并没有在交换之前做出明确规定，而是必须留给作回报的一方自己决定。这就要求交换的一方信任对方会履行他们的义务。我们认为，节能服务下面的四大特殊性，使得节能服务不仅是一种经济交换，还具有更为显著的社会交换性质：第一，节能服务具有高不确定性，客户由于担心风险对节能项目不敢承诺太多。加之中国仍处于经济转型阶段，尚未建立强大的信用系统，使得节能服务公司难以和客户签订较为完备的合同。第二，节能服务设备具有高资产专用性，在签订合同时，需要制订复杂的、刚性的法律和合同条款，这往往使得谈判处于僵持状态（Dhingra 和 Julena，2005）。第三，在节能服务过程中，节能服务公司与客户的付出和获得处于不同的时间节点，往往是节能服务公司先提供节能设备与节能融资、进行节能系统建设与改造，在产生节能效益后才能获得回报。客户先获得节能收益，后支付节能成本。在持续较长时间的服务周期中，节能服务公司与客户需要建立稳固的合作关系，降低不确定性。第四，节能服务绩效衡量非常复杂，不少客户存在节能之外的其他隐形利益需求，并且，这些利益需求往往未在书面合同中明示。总之，节能服务的社会交换性质使得信任成为节能服务合作关系治理的关键。

二、节能服务中的客户信任类型

信任是指一方在预期对方会实施对己方很重要的行动时，愿意将己方的弱点暴露给对方，并忽略己方在双边关系中的监督和控制能力。在组织间信任问题的研究过程中，学者们从各种理论和视角出发，提出了多种类型的信任，如计算信任、善意信任、能力信任、关系信任、情感信任等。考虑到组织间信任是对交易关系的状态刻画，我们可根据交易成本理论来对组织间信任的类型进行重新梳理。交易成本理论假设人的本性就具有机会主义倾向。一方（或称施信方）信任另一方（或称受信方），是因为施信方知道，受信方采取合作行为符合自己利益。因此，施信方对受信方的信任只取决于环境的特征而与受信方的属性无关。这种信任可以称之为情境信任（situational trust）。情境信任是施信方对交易环境了解而做出的信任，因此，情境信任的产生需要施信方具有较强的计算能力。但是，即使在同一交易情境下，不同交易伙伴在行为准则、公平性和道德承诺上也会存在差异，从而导致他们具有不同的可信度。这种因交易对象而异的信任即是品质信任（character trust）（Noorderhaven，1997）。对于品质信任，根据带来品质差异的原因，又可划分为基于认知的信任和基于情感的信任两种。基于认知的信任是在交易双方的交易过程中，因为多次互动、良好沟通而对彼此品质了解带来的信任。而基于情感的信任则是交易双方相信交易对方的交易动机与行为，宁愿承担风险而产生的信任。由此，本书将信任划分为基于情境的信任、基于品质的信任两大类型，而基于品质的信任又可划分为基于认知的信任和基于情感的信任两种。

在节能服务中，客户将节能服务交给节能服务公司的根本动机是因为节能服务公司能为其降低能源成本，减少碳排放。如果节能服务公司能以较低的节能改造成本获得较高的节能收益，客户将会对节能服务公司产生计算信任。可以说，在节能服务中，计算信任是最基本的一种信任，它主要是基于功利关系，来自契约的限制或利益的计算。考虑到节能服务较高的资产专用性、不确定性以及节能量计量的复杂性，计算信任在节能服务中运行的交易成本较高。情感信任建立在人们相互交往、共同的价值观、人格特征和认同等因素基础上（Chua，Paul 和 Morris，2008）。情感信任较难形成，但是一旦形成，将会带来交易成本的迅速降低。这是因为，客户如果形成对节能服务公司的信任，其在对节能服务公司的合作中就不再依赖于理性的计算，而是基于自觉、情绪和无意识的便捷式的决策或判断。考虑到中国的文化背景，以及节能服务的高不确定性，情感信任是节能服务中一种重要的信任类型，能有效消除合作中的冲突、促进关系稳定。除了计算信任和情感信任外，客户还可能对节能服务公司产生能力信任。能力是客户选择节能服务公司时的首要考虑因素。在节能服务中，节能服务公司的节能技术水平与服务能力有助于减少节能项目失败的风险，沟通能力能减少信息不对称的风险。客户可以通过行业社会网络、公开媒体等方式获得节能服务公司的经营历史与声誉信息，也可以基于双方的合作经历来了解节能服务公司的能力，建立能力信任。可以认为，计算信任属于情境信任，能力信任属于基于认知的信任，情感信任属于基于情感的信任。

三、节能服务中客户信任治理的交易成本水平演化

节能服务中三种客户信任的特征决定了其在节能服务项目周期各阶段治理节能服务关系的交易成本水平会发生变化。我们不妨将节能服务的项目周期分为项目启动期、项目实施期、绩效评估与收益分配期等三个阶段。在项目启动

期，情感信任的建立需要投入大量资源，但在短期内难以形成。这是因为，情感信任的形成受到企业间合作历史缺乏、高信息收集成本等因素限制，导致节能服务项目启动期较低的情感信任。因此，在项目启动期，客户的情感信任处于高交易成本、低收益阶段。随着节能服务项目的逐渐实施，节能服务公司在与客户的动态博弈中，逐渐获得客户的认可，情感信任出现"边际效益递增"。伴随着情感信任的形成，其治理节能服务项目的交易成本逐渐降低，交易成本曲线向下平移，从而使得情感信任治理的交易成本曲线呈非线性递减，且二阶导数大于零，但不会与横轴相交——情感信任永远不是免费的，即交易成本不等于零。对于计算信任而言，在项目启动期的形成成本较低。这是因为，契约条款已经基本约束了双方的权责利，计算信任比较容易形成。而随着项目的推进，节能收益的计量将越来越复杂，信息成本和监督成本越来越高，因此，计算信任治理的交易成本非线性递增，且二次导数为正。一般来说，能力信任在项目周期各阶段则表现出较为固定的交易成本。只不过客户收集节能服务能力的渠道在项目各个阶段有所差异（如图 6-1 所示）。

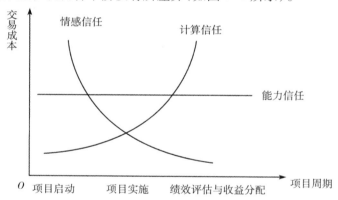

图 6-1　节能服务中客户信任治理的交易成本水平演化

第二节　节能服务中的客户信任演化与信任形成影响因素

节能服务项目中的客户信任产生是一个动态过程。总的来看，对于初次合作的双方而言，节能服务中的客户信任动态变迁轨迹可概括为：从基于理性计算为主的计算信任和能力信任向基于认同的情感信任和能力信任演进。分析各种信任在节能服务项目周期治理的相对重要性，在项目启动期的重要性依次是：计算信任、能力信任和情感信任，随着项目的推进，节能服务中客户信任的相对重要性逐渐演化为：情感信任、能力信任和计算信任（如图 6-2 所示）。

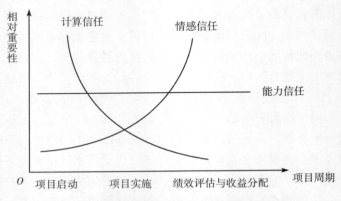

图6-2 节能服务中客户信任的相对重要性演化

对节能服务中的三种信任来说，在节能服务的项目周期各阶段，由于影响客户信任形成的因素并不一样，各种客户信任的产生机制也有所不同（如表6-1所示）。

节能服务中影响客户计算信任形成的因素。计算信任源自施信方对交易环境的了解及其对交易环境知识的筛选与评价。交易环境知识包括交易对手的情况（如行业地位、服务理念、节能技术与能力等）、节能技术与节能政策的不确定性、信息的不对称、资产专用性等。客户所掌握的交易环境知识越多、知识的筛选与评价能力越强，其越容易产生计算信任。在节能服务项目启动期，客户需要掌握的交易环境知识包括国家和产业政策，本企业用能设备的运作情况，节能服务公司的技术、流程与方法，节能收益等。在项目实施期，客户需要掌握的交易环境知识包括各种用能设备的运行、节能设备的改造信息等。在项目的绩效评估与收益分配期，客户需要掌握的交易环境知识包括节能量计量、节能收益分配的知识等。

节能服务中影响客户能力信任形成的因素。能力信任源自施信方认为受信方具有实践其承诺的资源、技术、技能。施信方对受信方的能力评价以及受信方的能力外显是影响能力信任建立的关键。在项目启动期，合作双方的成功合作历史、节能服务公司的组织声誉、组织外部特征等因素会影响能力信任的形成。企业间过去交往经验可以降低双方信息的不对称性，并且，企业间交易关系持续的时间越长，提供给伙伴展示能力的机会就越多，企业相互掌握的信息量也就越大，而且更具信度。声誉是受信方过去与其他企业活动的历史（Zucker，1986）。当企业间缺乏既往合作经历时，企业声誉作为一个重要的判断依据，可替代其他无法获取的信息（Larson，1992）。此外，节能服务公司的人员素质、质量认证、项目实施案例、设备等组织外部特征也会表明企业所具备的能力，也会影响客户对其能力信任的形成。在项目实施阶段，节能服务公司的组织学习能力、沟通能力、项目管理能力以及节能技术水平等是影响能力信任形成的主要因素。客户会通过节能服务公司的节能设备与技术运行、人员素质等特征来判断其能力。在项目绩效评估与收益分配期，影响能力信任形成的因素主要是节能服务公司的节能量计算能力、节能技术创新和节能管理创新能力。

节能服务中影响客户情感信任形成的因素。前文已经提及，在节能服务提供过程中，节能服务公司与客户的付出和获得存在时间差，双方难以做到立即兑现回报，因此，在持续较长时间的节能服务周期中，有可能建立友谊与认同，形成情感信任。影响客户情感信任形成的关键因素是客户与节能服务公司是否具有相同的经营理念、在服务过程中能否建立起亲密的友谊、形成价值观的认同。在项目启动阶段，影响情感信任形成的基础是双方在以前是否存在业务合作历史或个人友谊关系。既有关系的存在会带来双方的情感认同基础，由此产生情感信任。双方没有历史关系基础，在项目实施阶段，影响情感信任形成的关键是双方彼此能否顺畅地沟通与协作，达到相互了解，形成认同，相信对方行为可以预测进而产生情感信任。

表6-1　　　　节能服务项目周期中影响客户信任形成的关键因素

主要影响因素		主要影响因素在节能服务项目周期的体现		
		项目启动	项目实施	绩效评估与收益分配
计算信任	客户所掌握的交易环境知识及其筛选与评价能力	国家和产业政策、用能设备的运作情况，节能技术、节能收益	用能设备的运行、节能设备的改造信息	节能量计量、节能收益分配的知识
能力信任	对受信方的能力评价以及受信方的能力外显	成功合作历史、节能服务公司的组织声誉、组织外部特征	节能服务公司的学习能力、沟通能力与项目管理能力	节能量计算能力、节能技术创新和节能管理创新能力
情感信任	相同的经营理念、价值认同	业务合作历史或个人友谊关系	建立友谊、形成认同	建立友谊、形成认同

第三节　基于客户参与的客户信任培养机制模型与假设

节能服务中的客户参与是客户在节能服务提供过程中参与行为的总和。节能服务的顺利提供需要客户的积极参与。在项目实施前，需要客户提供用能设备的信息；在项目实施中，需要改造能源系统或用能设备，并与客户就能源系统或设备运作情况进行交流和沟通；在项目实施后，需要与客户一起测量节能量，分配节能效益（陈剑和吕荣胜，2011）。部分学者的研究表明，客户参与会影响到客户对服务提供者的信任形成。Ganesan（1994）的研究发现，通过参与到服务过程中，客户对服务的传递过程有了更清晰的认识，通过与服务提供者的信息、情感互动，促进了客户信任的产生。唐庄菊、汪纯孝和岑成德（1999）对患者参与和患者信任关系的研究发现，患者的参与度较高，如事先对在医院的就医过程有初步了解，掌握一些基本的医疗知识，知道一些就医流程，会减少由于信息不对称性带来的认知冲突，从而有助于产生患者信任。我们在对多个节能服务项目调研的基础上也发现，客户如能积极参与节能服务，将有助于信任的培育和项目的顺利实施。客户的参与行为在很大程度上影响了客户对节能项目的理解、配合以及节能量。遗憾的是，不少客户由于在节能服务中的参与度不够，使得其难以理解节能服务公司的节能技术、方法，进而导致其不信任节能服务公司的节能能力以及道德品质等问题。

在接受节能服务的过程中，客户的参与程度也有所差异。有的客户为了完成国家主管部门或控股公司的节能任务，仅仅是被动地选择或接受节能服务公司，提供节能服务公司要求的信息或资源。有的客户在选择节能服务公司之前就会通过各种途径提前了解节能服务的信息和知识，积极配合节能服务公司的节能项目实施。还有的客户由于深入分析了节能管理带来的产业机遇，会主动与节能服务公司进行交流，探讨节能项目的实施方案，在项目实施中主动提供帮助，并与节能服务公司建立良好的关系，努力提高节能项目的绩效。根据客户在接受节能服务中的参与水平差异，本研究将节能服务中的客户参与分为三个维度：责任行为、信息搜索行为和人际互动行为。责任行为是客户在接受节能服务时必须要完成的行为，如提供用能设备的资料，配合进行用能设备现状的调查等。因此，责任行为维度体现的是最基本、最低的参与水平，是客户作为服务接受方所要履行的义务，而信息搜索和人际互动维度则体现了客户的积极参与行为。信息搜索行为是指客户在接受节能服务过程中，通过不同的渠道，主动了解节能服务的流程、节能项目实施的关键点、节能服务公司的信誉与能力、节能项目进展等信息的行为。人际互动行为是指客户在接受节能服务时主动地与节能服务公司进行人际、情感的交流。如果从参与水平或程度来看，客户参与行为的三个维度反映了客户三种不同的参与水平。我们认为，客户的参与会作用于影响客户信任形成的因素，进而促进客户对节能服务公司信任的形成（其机制模型如图6-3所示）。

由于节能服务的专业性较强，加之不少客户缺乏对交易环境的深刻认知，节能服务公司与客户间的沟通不畅，造成了节能服务中普遍存在较严重的信息不完全与信息不对称。但是，在节能服务提供过程中，如果客户的责任行为较多，与节能服务公司进行充分的沟通，会促进节能服务公司更多地了解客户的

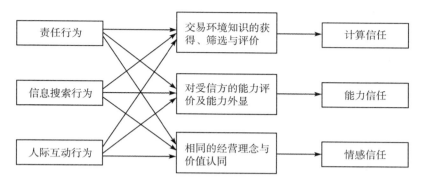

图 6-3　基于客户参与的客户信任培养机制模型

需求、用能设备的运行状况等各种信息，消除因信息不对称而带来的决策和管理失误，从而增强客户对节能服务公司的能力信任（Lahiri 等，2009）。另外，客户的责任行为越多，对节能服务公司的服务理念、节能技术、节能流程与方法有更多的认知，对交易环境和节能服务公司的能力有正确的评价，有助于理解节能服务利益分配的机制，反过来促进节能服务公司在服务中"干中学"以及提高项目管理能力，增强客户对节能服务公司的计算信任和能力信任。由于情感信任的产生基础是施信方对受信方的情感依附与价值认同，需要双方之间进行长期的社会互动，施信方掌握充分信息并反复确认受信方的可信任性。因此，如果客户仅仅是被动地与节能服务公司进行沟通，互动停留在业务层面，将不利于与节能服务公司建立情感信任。由此，本书提出以下假设：

假设 1：客户的责任行为与客户对节能服务公司的计算信任存在显著的正相关关系

假设 2：客户的责任行为与客户对节能服务公司的能力信任存在显著的正相关关系

假设 3：客户的责任行为与客户对节能服务公司的情感信任的相关关系不显著

客户在节能服务中通过搜索节能服务公司及节能的相关信息、了解自己的能源系统或能源设备信息，能增加自己的节能知识，同时对节能服务公司的服务流程有所了解，消除因信息不完全和信息不对称而产生的认知冲突，有助于培养客户对节能服务公司的计算信任、能力信任和情感信任。其具体机制是：一是对节能服务公司的服务理念，节能服务技术、流程与方法的科学性，节能量的计算与分配的合理性等问题会产生更多的认同，与节能服务公司的工作人员建立良好的合作关系，形成情感依附与价值认同，从而有助于建立计算信任、能力信任和情感信任。二是对节能服务公司信誉的了解，有助于客户正确评价节能服务公司的技术水平与服务能力，相信节能服务公司不会因短期机会主义行为而放弃长期形成的声誉，因此，有助于建立计算信任和能力信任。一般来说，当很多客户认为一家节能服务公司具有良好的声誉，个别负面事件就很难动摇客户对节能服务公司的信任。客户获得节能服务公司信息的途径可能来自过去双方互动经验的积累，但在信任关系开始的早期因为缺乏过去互动的历史，客户必须寻找其他渠道以取得信息，如外部公开信息、社会网络成员等可信任的第三方来间接证明受信方的能力（Sezen 和 Yilmaz，2007），也可以通过声誉、专业资格或证书等第二手资料证明节能服务公司的能力。由此，本研究提出以下假设：

假设4：客户的信息搜索行为与客户对节能服务公司的计算信任存在显著的正相关关系

假设5：客户的信息搜索行为与客户对节能服务公司的能力信任存在显著的正相关关系

假设6：客户的信息搜索行为与客户对节能服务公司的情感信任存在显著的正相关关系

客户在节能服务中的人际参与行为越多，对节能服务公司的节能服务过程了解越多，对节能服务流程的便利性、节能设备的运行机理就会有着更深刻的理解。客户在节能服务中的人际参与行为越多，沟通也会越多，从而有助于消除因信息不对称带来的误解和冲突，增强客户对节能服务公司的计算信任和能力信任。此外，客户在节能服务中的人际参与行为越多，与节能服务公司的情感互动越多，情感联系更加紧密，客户与节能服务人员会建立友谊，有助于培养情感信任。Yuan Li 等（2010）提出，客户与节能服务公司之间的长期互动是信任中的情感元素来源之一。客户与节能服务公司在较长期的社会互动后，客户拥有充分信息并反复确认节能服务公司的可信性，因而会对节能服务公司产生情感上的依附，从而有助于形成情感信任和价值认同。基于以上分析，本研究提出以下假设：

假设7：客户的人际互动行为与客户对节能服务公司的计算信任存在显著的正相关关系

假设8：客户的人际互动行为与客户对节能服务公司的能力信任存在显著的正相关关系

假设9：客户的人际互动行为与客户对节能服务公司的情感信任存在显著的正相关关系

第四节　研究方法与数据分析

本研究采用问卷调查的方法来收集一手数据，调查对象是节能服务公司的客户。在研究中，首先对理论模型的变量进行操作化度量，然后对正式测量数据进行描述性统计、信度分析和效度分析，为后续的假设检验奠定基础。

一、变量的度量

借鉴 Zeithaml 和 Bitrier（1996）、Kellogg（2000）、Lloyd（2003）、耿先锋（2008）的客户参与量表，结合节能服务的特色，设计了节能服务中的责任行为度量题项：我们会尽力向节能服务公司说清我们的节能需求；我们会按要求完成必要的流程；我们会尽力配合，按节能服务人员的要求行事。对信息搜索行为的度量题项包括：在接受节能服务之前，我们就了解节能服务的相关信息；在接受节能服务之前，我们基本了解自己公司的节能情况，也大致清楚节能服务公司如何实现节能；在接受节能服务之前，我们搜寻了相关信息，知道应该如何协助节能服务公司。对人际互动行为的度量题项是：在节能服务过程中，我们主动跟节能服务公司进行沟通；我们会为节能服务公司的其他客户提供力所能及的帮助。

现有文献中并没有与计算信任直接相关的量表，但 Lewicki 和 Bunker（1995）对这一变量进行了详细分析。我们据此来编制计算信任的量表，度量题项包括：节能服务公司明白，善待客户符合他们自身的利益；节能服务公司明白，欺骗客户一定会受到惩罚；节能服务公司明白，欺骗客户的后果会很严重，因此，我们相信他们不会有欺骗行为。能力信任的量表根据 Levin 和 Cross（2004），Yilmaz 等（2004）以及 Ganesan（1994）的研究来改编，包含 5 个题项，分别为：节能服务公司的节能技术先进；根据以往经验，我们没有理由怀疑节能服务人员的工作能力；节能服务人员在业务能力上是值得信赖的；我们对节能服务人员的业务能力很有信心。情感信任的量表包含 4 个测量题项，主要根据 Levin 和 Cross（2007）及 Ganesan（1994）量表改编而来，分别为：节能服务公司总是会考虑客户的利益；节能服务人员就像我们的朋友；节能服务公司会努力确保客户的利益不受到损害；节能服务公司过去曾经为客户的利益牺牲自己的利益。

考虑到客户在节能领域的从业经验和节能项目规模会影响客户的参与行为，本书将从业经验和节能项目规模作为控制变量，通过问卷填写者在能源相关岗位的从业年限和节能项目的合同金额来度量。

二、数据与样本

实证研究采用一次发放问卷的方式获得数据。通过各种渠道发放问卷 193 份,经筛选过滤程序扣除具遗漏值与答案有明显规律者,得到有效问卷 149 份,问卷有效率为 77.2%。在回收的有效问卷中,问卷填写者在能源相关岗位的从业年限,2 年以下、2~4 年、4~6 年、6~8 年、8~10 年、10 年以上的比例分别为 4.2%、23.8%、22.9%、18.6%、10.3%、20.2%。节能服务项目的规模在 500 万元以下、500 万~1000 万元、1500 万~2000 万元、2500 万~3000 万元、3000 万元以上的比例分别为 19.1%、30.3%、36%、12.0%、2.6%。

三、信度和效度分析

采用 SPSS15.0 对正式样本作 Cronbach's α 测试发现,客户参与分量表和客户信任分量表的 α 信度值分别为 0.839, 0.924,均在 0.7 以上,说明两个量表的信度较理想。对客户参与分量表的效度分析发现,KMO 值为 0.759,大于 0.5 的临界值,Bartlett 半球体检验小于 0.001,支持因素分析。按照特征根大于 1 的原则和最大方差法正交旋转进行因素抽取,得到三因素结构,三个因素累计解释了总方差的 78.274%,说明客户参与分量表具有较高的结构效度。对客户信任分量表的效度分析发现,KMO 值为 0.835,大于 0.5 的临界值,Bartlett 半球体检验小于 0.001,支持因素分析。按照特征根大于 1 的原则和最大方差法正交旋转进行因素抽取,得到三因素结构,三个因素累计解释了总方差的 84.408%,说明客户信任分量表具有较高的结构效度。

第五节 假设检验

分别对客户责任行为与客户计算信任、能力信任和情感信任进行回归分析发现,客户责任行为与计算信任存在显著的正相关关系,回归系数为 0.317 ($p<0.01$)。客户责任行为与能力信任存在显著的正相关关系,回归系数为 0.311($p<0.01$)。客户责任行为与情感信任不存在显著的正相关关系(回归结果如表 6-2 所示)。

表 6-2　　　　　　　　　客户责任行为对客户信任的回归分析结果

	被解释变量					
	模型 I（计算信任）		模型 II（能力信任）		模型 III（情感信任）	
	B	T	B	T	B	T
控制变量						
从业经验	控制		控制		控制	
项目规模	控制		控制		控制	
解释变量						
责任行为	0.317**	3.070	0.311**	3.119	0.206	1.953
R^2	0.06		0.062		0.025	
调整后的 R^2	0.054		0.056		0.019	
F	12.086**		9.729**		3.813	

注：***代表 $p<0.001$，**代表 $p<0.01$，*代表 $p<0.05$。

分别对客户信息搜索行为与客户计算信任、能力信任和情感信任进行回归分析发现，客户信息搜索行为与计算信任存在显著的正相关关系，回归系数为 $0.182(p<0.01)$。客户信息搜索行为与能力信任存在显著的正相关关系，回归系数为 $0.271(p<0.001)$。客户信息搜索行为与情感信任存在显著的正相关关系，回归系数为 $0.395(p<0.001)$（回归结果如表 6-3 所示）。

表 6-3　　　　　　　　　客户信息搜索行为对客户信任的回归分析结果

	被解释变量					
	模型 I（计算信任）		模型 II（能力信任）		模型 III（情感信任）	
	B	T	B	T	B	T
控制变量						
从业经验	控制		控制		控制	
项目规模	控制		控制		控制	
解释变量						
信息搜索行为	0.182**	2.392	0.271***	3.812	0.395***	5.601
R^2	0.037		0.09		0.176	
调整后的 R^2	0.031		0.084		0.170	
F	5.732**		14.530***		31.366***	

注：***代表 $p<0.001$，**代表 $p<0.01$，*代表 $p<0.05$。

分别对客户人际互动行为与客户计算信任、能力信任和情感信任进行回归分析发现，客户人际互动行为与计算信任存在显著的正相关关系，回归系数为 0.381（$p<0.001$）。客户人际互动行为与能力信任存在显著的正相关关系，回归系数为 0.444（$p<0.001$）。客户人际互动行为与情感信任存在显著的正相关关系，回归系数为 0.579（$p<0.001$）（回归结果如表 6-4 所示）。

表 6-4 客户人际互动行为对客户信任的回归分析结果

	被解释变量					
	模型 Ⅰ（计算信任）		模型 Ⅱ（能力信任）		模型 Ⅲ（情感信任）	
	B	T	B	T	B	T
控制变量						
从业经验	控制		控制		控制	
项目规模	控制		控制		控制	
解释变量						
人际互动行为	0.381***	3.919	0.444***	4.857	0.579***	6.393
R^2	0.095		0.138		0.218	
调整后的 R^2	0.088		0.132		0.212	
F	15.356***		23.591***		40.871***	

注：*** 代表 $p<0.001$，** 代表 $p<0.01$，* 代表 $p<0.05$。

第六节 研究总结与启示

实证结果表明，在控制问卷填写者的节能岗位从业经验、节能服务项目的规模后，得到如下结论：客户的责任行为与客户的计算信任、能力信任分别存在显著的正相关关系；客户的责任行为与客户的情感信任不存在显著的正相关关系；客户的信息搜索行为与客户的计算信任、能力信任、情感信任分别存在显著的正相关关系；客户的人际互动行为与客户的计算信任、能力信任、情感信任分别存在显著的正相关关系。

鉴于客户参与行为对客户信任的培育有着显著的促进作用，各级政府、行业协会和节能服务公司应通过多种方式，鼓励客户积极参与节能服务，降低节能服务中的信息不对称和信息不完全，并帮助客户掌握必要的知识和技能，使其具备参与节能服务过程的能力。

① 各级政府加大节能服务体系建设力度。第一，国家层面建立专门的节能减排管理机构，规范节能服务机构管理，开展节能服务宣传和培训。第二，

各级政府大力发展第三方能效检测机构、资质认证机构，对节能服务提供中的节能量计算、节能服务公司的资质进行第三方认定，使得节能服务公司的客户能通过多种公开渠道获知节能项目收益，以及节能服务公司的信誉、能力等信息。

②行业协会积极推进节能服务培训与合作。中国节能协会、节能服务产业委员会和各地节能协会应对当地的用能大户进行节能知识与技能培训，加强节能服务的推送与宣传，创造合作平台，推动用能大户与节能服务公司的对接。

③节能服务公司积极创造信息沟通渠道，引导客户参与节能服务，加强互动。第一，节能服务公司应提供多种沟通渠道，提供信息。节能服务公司可以通过建立公司网站、成为行业协会的会员、在新闻媒介上传播公司信息等多种途径，建立和疏通客户信息搜索的渠道，增加信息供给，让客户可以便捷、有效地收集到自己感兴趣的信息，降低信息不对称和信息不完全的程度。第二，对客户的参与行为进行有效的引导、管理。节能服务公司通过告知、引导和培训等多种方式，了解客户掌握节能设备和节能管理的相关知识和技能，掌握节能量的计算方法，使客户具备参与节能服务过程的能力。第三，对客户表现出的参与意愿和行为给予积极反馈，进行互动和鼓励，从而增强理解与认同，促成信任。

第七章

中国企业节能技术创新的影响因素与模式研究

随着新《中华人民共和国环境保护法》的实施，以及"十三五"规划纲要和十九大报告对加快生态文明体制改革，建设美丽中国的战略部署，全面治理生态环境系统已成为一种战略共识。作为微观主体的企业，积极开展环境技术创新行为是对国家环境保护战略的微观响应。将环境问题置于技术创新中，借助技术创新来改善和防治环境问题，是解决目前环境挑战的有效途径。由于对环境与能源有关的产品及技术的需求将在未来占据极大的市场份额，在经济危机和新一轮的技术变革中，各国都在寻求通过发展环境技术来赢得竞争优势的途径。日本政府（国际贸易及产业发展省）就预期，到2050年有将近40%的全球经济都来自与环境产品和服务有关的产业[1]，与环境技术相关的商业开发成为经济发展的主要目标之一。

我们发现，学术界对环境技术创新的研究主要关注以下三个方面：第一，环境规制与绿色技术创新的关系（向丽，胡珑瑛，2017；臧传琴等，2015）[2]。环境规制能够激发创新，企业从创新中获得的绩效能够部分甚至全部补偿因遵守环境规制而带来的成本，也就是所谓"创新补偿"（innovation offsets）。创新补偿表现在两个方面：一是生产技术的创新将提高原材料的利用率，降低生产成本；二是开发与生产更加环保的产品，吸引更多的消费者购买，提高销售收入（Porter，Van der Linde，1995）。学者们的研究发现，企业开展绿色技术创新的程度与环境规制政策密切相关，但环境规制强度与绿色技术创新的关系跟企业关系网络、产业规模、环境创新的类型、行业类型等因素有关。第二，绿色技术创新与企业绩效的关系。主要包括由末端控制污染技术向清洁产品、清洁生产等绿色技术的不断演化过程中，研究环境技术创新（environmental technology innovation/technological environmental innovation）、环境技术变革

---

①陈鹏.创新政策与环境政策协同推进绿色创新[J].世界科学,2012(8):55-57.
②向丽,胡珑瑛.R&D外包与企业绿色技术创新:环境规制的调节作用[J].管理现代化,2017,37(6):60-63.

（environmental technological change）、清洁技术创新（clean technology innovation）、绿色技术创新（green technological innovation）及生态创新对环境绩效、经济绩效的影响或作用。第三，企业环境技术创新的驱动因素。如张海燕等（2017）[①]的研究发现，企业环境技术创新不仅受到企业追求竞争优势渴求的直接驱动，而且受到应对外部利益相关者压力、获得组织合法性的间接驱动。

　　节能技术创新是企业环境技术创新的一个重要方面。能源技术是新一轮科技革命和产业革命的突破口。随着人们环保意识增强和世界范围内能源消耗加速，新一轮能源革命将从工业文明的规模效益转向信息时代以效益定规模的绿色低碳能源时代。技术创新在能源革命中起决定性作用，它是能源结构优化及转型升级的不竭动力。只有通过创新掌握核心技术，建设清洁低碳、安全高效的现代能源体系，才能抓住能源变革的关键、把握能源持续健康发展的主动权。遗憾的是，学术界对于影响中国企业开展节能技术创新的因素，中国企业节能技术创新的组织模式，节能技术创新的供给模式等问题缺少研究。下文将针对中国企业的实际，在环境技术创新的大框架下，分析影响中国企业开展节能技术创新的因素，研究中国企业节能技术创新的组织模式与节能技术创新的供给模式。

第一节　中国企业开展节能技术创新的影响因素

一、节能技术创新的概念与分类

　　环境技术（或绿色技术）是指减少环境污染、降低能源及原材料消耗的技术、工艺或产品的总称（Ernest Braun，1994）。欧盟委员会认为，环境技术创新（或绿色技术创新）是遵循生态原理和生态经济规律，节约资源和能源，避免、消除或减轻生态环境污染和破坏，生态负效应最小的"无公害化"或"少公害化"的技术、工艺和产品的总称。产品设计、绿色材料、绿色工艺、绿色设备、绿色回收处理、绿色包装等技术的创新，均属于绿色技术创新。根据OECD（2005）[②]的分类标准，绿色技术创新包括绿色产品创新和绿色工艺创新。其中，绿色产品创新是指在产品生命周期的各阶段，企业按照环保要求进行绿色化产品的设计、开发和生产；绿色工艺创新是指企业采取工艺技术改造、工艺设备更新以及废物回收利用等手段，来降低污染物的产生量和排放

---

①张海燕,邵云飞,王冰洁.考虑内外驱动的企业环境技术创新实证研究[J].系统工程理论与实践,2017,37(6):1581-1595.

②OECD. The Measurement of Science and Technology Activities[M]. Luxembourg:OECD Publishing,2005.

量。从环境技术创新所涉及的环节角度考虑，可以将环境技术创新分为三大类：污染源头创新、产品过程创新和末端治理创新。污染源头创新即为污染预防技术创新，是指企业在产品生产之前实施了全方位的考虑，采取某种技术创新来控制未来生产过程中产生的污染，包括产品研发设计时就开始纳入环保因素、实施绿色开发等。产品过程创新是指企业重组产品生产工艺流程和改善产品生产管理方法，减少原材料的消耗、去除无用功效、提高生产效率、减少污染物的排放以及生产管理方式创新。末端治理创新是对企业生产过程中所排放的污染物如废水、废气等进行末端处理的创新，目的在于降低对环境的污染和对废弃物加以循环利用，以节约能源和资源（王丽萍，2013）。

节能技术是指采取先进的技术手段来实现节约能源的目的。具体可理解为，根据用能情况、能源类型分析能耗现状，找出能源浪费的节能空间，然后依此采取对应的措施减少能源浪费，达到节约能源的目的。从节能技术创新偏离当前知识或技术路径的程度，以及偏离现有客户或细分市场的程度这两个维度，可以将节能技术创新分为利用型创新和探索型创新两种类型。利用型节能技术创新是在既有知识的基础上提升组织的现有技能、过程和结构，旨在满足既有市场和顾客需求。而探索型节能技术创新是依靠新知识或者脱离既有知识来进行新的设计、开拓新的市场或开辟新的分销渠道，旨在满足正在形成的市场和顾客需求。从企业开展节能技术创新的目的，可以将节能技术创新分为应对节能环保管制的技术创新，和争夺节能环保产业机遇的技术创新。

根据节能技术节约的能源类型分为：节电技术，包括功率因数补偿技术、闭环控制技术、能量回馈技术、相控调功技术、稳压调流技术、电能质量治理技术；节煤技术，包括水煤浆技术、粉煤加压气化技术、节煤助燃剂技术、节煤固硫除尘浓缩液、空腔型煤技术；节油技术，包括锅炉节油技术、柴油机节油技术、发电机节油技术、汽车节油技术、航空航天节油技术；节气技术，包括民用节气技术、锅炉节气技术、油田集输系统。

节能技术创新是遵循能源消耗原理和经济规律，开发节约能源、减少二氧化碳排放的技术、工艺和产品的行为。节能技术创新是提高用能设备设施的能效、推动节能降耗减排，形成节能低碳产业体系的关键。只有大力发展提高能效与节能减排技术，创新清洁技术、绿色技术，在现代化工业节能技术、新型建筑节能技术、先进交通节能技术以及能源系统全局优化技术等方面有新的突破，才能为建设现代能源体系提供有力支撑。

二、中国企业开展节能技术创新的决定因素

节能技术创新对于企业而言，是一种战略决策。在当前中国经济情境下，

中国企业开展节能技术创新至少面临着三大制约：创新的高不确定性，全球价值链的低端嵌入与锁定，金融、地产等非制造产业的高利润率诱惑。因此，在企业节能环保日益严峻的形势下，中国企业是主动进行节能技术创新、迎接创新不确定性的挑战，还是寻找新的市场，面对进入新市场的不确定性呢？换句话说，什么样的中国企业才适合进行节能技术创新呢？这是学术界需要深入探究的一个问题。

我们认为，节能技术创新是中国企业基于已有资源基础、在高不确定环境下的一种战略选择。中国企业是否进行节能技术创新，选择节能技术创新的模式或路径，是一个关系到企业生死存亡的战略决策。对于处于转型升级期的中国企业，并不是每个企业都适合进行节能技术创新。那么，什么因素会影响中国企业的节能技术创新决策呢？

我们认为，中国企业是否进行节能技术创新要综合考量以下三个因素。第一，是否拥有节能技术创新所需的资源。节能技术创新是企业创新升级的一种方式。企业资源是影响企业创新绩效的重要变量。毛蕴诗和温思雅（2012）就提出，本土企业是在不断对内外部资源和能力进行构建、调整、整合和重构中最终实现升级的。创新的知识进化理论则认为知识创新具有渐变性变化的特征（张凌志，和金生，2011）。因此，中国企业的创新投入也是影响企业节能技术创新的绩效和创新模式选择的重要变量。第二，节能技术创新的机会成本。如果企业有机会进入利润率较高的金融、地产等领域，那么，企业将资源投入到节能技术创新，就会存在较高的机会成本。第三，节能技术创新的市场收益考量。在同一个市场中，处于有利市场位置的企业，相对其他市场位置的企业而言，能够获得更佳的创新收益。因此，企业在市场网络中的位置是影响节能技术创新绩效的关键变量，由此也成为一个影响企业节能技术创新决策的关键变量。

（1）影响节能技术创新的资源

从知识基础观的角度来看，知识的增长不能跳跃，组织知识存量决定了后续的知识增长及创新的方向和速度。知识的累积、融合与编码不仅仅能够提高企业的学习能力，而且能够增加一些机会，去发现新的方法来改进一个过程或提高现有产品的性能。这些机制能够让企业利用现有的知识，开展增量性创新。Jansen 的研究发现，现实吸收能力与利用型创新显著正相关。

因此，中国企业的节能技术创新是一个依赖历史的知识基础，并融合历史知识资源、新的知识资源和非知识资源进行知识创造性增长的过程。从节能技术创新相关资源（下文简称为创新资源）的知识含量属性（将资源分为知识资源和非知识资源两大类）、时间属性（将资源分为历史的资源和新的资源两大类）两个维度，可以将创新资源分为四类，如表 7-1 所示。

表 7-1　　　　　　　　　企业节能技术创新的资源类型

资源类型	历史的资源	新的资源
知识资源	吸收能力 知识存量 企业家创新专注	未吸收冗余知识资源（未利用吸收能力、未利用知识存量） 外界知识资源
非知识资源	财务资源、顾客关系、人力资源	未吸收的冗余非知识资源（财务资源、顾客关系、人力资源）、社会网络、市场环境

对于中国企业的节能技术创新而言，影响程度较大的是第一象限（历史的知识资源）、第二象限（冗余且未吸收的知识资源）和第四象限的资源（冗余且未吸收的非知识资源）。

（2）影响节能技术创新决策的企业家创新专注

企业的创新决策是企业家对各种可能的机会、问题和方案选择性注意的结果。根据注意力基础观（Ocasio，1997），注意力具有有限性、易逝性、高替代性等特征（吴建祖，肖书锋，2016），企业家的注意力焦点及其配置影响企业的创新决策。如果企业家的注意力焦点不断变化、转移，企业的创新方向、模式就会不断变化与转移（Chen，2015），从而会影响企业创新所需的知识积累。吴建祖和肖书锋（2016）的研究发现，高管团队创新注意力在探索型创新和利用型创新间的转移会带来研发投入的跳跃，进而影响企业的绩效。我们认为，对于现阶段的中国企业来说，更需要去关注企业家是否能持续保持创新的激情与意愿，以及是否能持续聚焦与投入特定的创新领域而不受市场波动的影响。总之，中国传统制造业的创新成功需要企业家对创新的专注（以下简称为创新专注）。企业家的创新专注包括两个含义：一是对创新战略的持续重视与投入；二是对创新领域的聚焦与持续。

企业家的创新专注决定了企业资源在创新领域的配置，也决定了企业的历史知识资源的积累。对于中国企业而言，企业家的创新专注是一种稀缺资源。这是由于中国企业本身的特点以及其所处的发展环境、商业文化决定的。中国的经济环境是一个政策要素起着决定作用的环境，也是一个快速发展的环境，很多机会稍纵即逝。能否抓住市场迅速发展的机会，快速壮大规模，是企业能否持续发展的关键。因此，很多企业家会将其有限的注意力放在一些市场热点或多元化的业务方面，实现快速撤脂，而不是聚焦于已有的核心能力，在成熟市场获得平均利润。

（3）企业的市场网络位置

将市场看作网络是 H. C. White，R. Burt 等新经济社会学家的重要观点。White（2001）等认为，生产商及其上下游关联组织构成了市场网络，市场网络中各组织的相互观察、监督与诱导等互动形成了市场网络结构，市场网络结构影响了生产商的决策。依承新经济社会学的市场网络理论，我们认为，企业的市场网络是企业与供应商、重要客户、合作伙伴等组织形成的网络。这个网络是一种强关系、高密度的网络，一般不大可能存在结构洞。市场网络对于节能技术创新的影响表现在以下两个方面：第一，市场网络能为中国企业的能源工艺创新、节能产品创新等创新形式提供重要的知识来源。在市场网络中，中心度越高的企业，可以拓展知识获取的广度，有利于获得互补性知识和异质性知识，节能技术创新就更为容易。第二，节能技术创新的实现依赖于其在市场网络中的位置。在市场网络中，中心度越高的企业，可以获得的创新收益越大。因此，在市场网络中心度越高的企业，不仅会强化知识资源与利用型创新绩效的正向关系，而且会强化知识资源与探索型创新绩效的正向关系。反之，则会弱化知识资源与节能技术创新的绩效。

第二节　中国企业节能技术创新的组织模式

纵观全球能源技术发展动态和主要能源大国推动能源科技创新的举措，不难发现：一是能源技术创新进入高度活跃期，新兴能源技术正以前所未有的速度加快迭代，对世界能源格局和经济发展将产生重大而深远的影响。二是绿色低碳是能源技术创新的主要方向，集中在传统化石能源清洁高效利用、新能源大规模开发利用、核能安全利用、能源互联网和大规模储能以及先进能源装备及关键材料等重点领域。三是世界主要国家均把能源技术视为新一轮科技革命和产业革命的突破口，制定各种政策措施抢占发展制高点，增强国家竞争力和保持领先地位。正如我国《能源技术革命创新行动计划（2016—2030年）》指出来的，在能源技术创新或节能技术创新中，企业将是创新的主体，创新活动与产业需求紧密联系。因此，中国企业如何开展节能技术创新就显得非常重要。

一、中国企业节能技术创新的组织模式

根据创新的组织方式与开放程度，Sawhney和Prandelli（2000）提出了三种不同的创新管理模型：一是封闭的、有秩序的和结构化的创新方法，以施乐公司为代表。二是完全开放的基于市场的方法，以Linux操作系统和IBM公司的Alphaworks为代表。三是以太阳微系统公司的Jini团队为代表的以社区为中心的开发模式。节能技术创新有多种组织模式，主要有基于互联网的分布式组织模式和以社区为中心的创新组织模式。

（1）基于互联网的分布式创新组织模式

分布式创新（Distributed Innovation，Di）[①]是遍及或贯穿属于组织供应链内、甚至特定联盟内的一个特殊内部互联网络上的创新（David O'Sullivan，2003）。M Bogers和J West（2012）提出了分布式创新的多种模式，包括：领先用户创新（Lead User Innovation，这一领域的研究集中在由企业发起，用户参与的新产品/服务的创新及创新的扩散。（von Hippel和Katz，2002；von Hippel，2007）、开放式创新（包括开放式软件的开发以及以Chesbrough为代表的开放式创新。他们集中于企业与企业边界外的其他组织的合作创新与创新的商业化过程）、积累式创新，社区或社会生产，共同创造等（Bogers等，2010；Murray和O'Mahony，2007；West和Lakhani，2008）。这些创新模式在创新的焦点、动机，创新的本质、商业化过程等方面存在不同。

节能技术按照技术的成熟度，可以分为研究与开发两大阶段。研究阶段以创建原型（Rough Prototype）为主要目的，而开发阶段则在原型的基础上，进行商业开发，形成相应的产品和工艺。研究阶段又可分为基础研究和原型设计两个小阶段。对于部分成熟度（通过其所处的研发阶段来表示）较低的共性技术，可以利用互联网，借助信息技术、网络通信工具，通过建立论坛、微信群等方式，吸引全国各地，甚至全世界的专家来探讨特定技术的创新。

（2）以社区为中心的创新组织模式

随着信息技术的飞速发展和终身学习理念的逐步认可，非正式学习、合作学习、在线学习成为企业推进技术共享与技术创新的重要方式（马媛等，2016），而学习社区则是融合以上学习方式的一种重要应用模式。与基于某一兴趣形成的商业型学习社区（如汽车之家），以及远程教育机构的课程在线（如华师在线）等高校学习社区相比，企业的学习社区具有一般学习社区的互动性、参与性、开放性等特点，但在学习社区的建立目的、社区参与者身份的多元性、社区的开放性等方面存在很大的不同。可以说，企业的学习社区是一类学习主题更具有专业性的半开放性学习社区。在学习社区中，每位学习者都具有一定的专业技能，通过经验分享与资源共享，在与其他成员的互动中，不断提高自己的认知能力，形成社区的集体智慧，进而推动知识的创新。学习者之间的交互质量是影响学习社区运行效果的核心因素（谢洪涛等，2016）。在学习社区中，学习者与学习者之间的交互是一种包含认知成分和情感成分的信息交

[①]创新文献提出了与分布式创新有关的概念。比如：Chesbrough（2003）提出的开放式创新（open innovation），即位于同一地、或不在同一地的多个组织之间的研发合作。以及Von Hippel（2006）提出的democratized innovation，指的是用户和生产商之间的创新型合作。这一概念包括了企业之间的合作，企业与独立的个人用户之间的合作，以及个人之间的合作。这些互动的主体可能位于同一地，也可能分布在不同的国家。

互（Karel Kreijns，2003）。

以社区为中心的创新组织模式可以是以面对面的沟通与传统的电话、传真等沟通工具为载体的线下社区，也可以是以网络、信息技术等现代沟通工具为载体的在线社区。按组织方式的差异，以社区为中心的创新组织模式又可以分为问题解决型的商务类社区和自组织的创新类社区。

① 问题解决型（发布型）的商务类社区[①]。企业可以在社区内发布环境技术研发问题，社区作为知识中介，为发布问题的组织提供问题的解决方案。如果问题发布者对方案满意，其将支付相应的费用，并获得与方案相关的知识产权。

② 自组织的创新类社区[②]。节能技术创新也可以采用自组织社区模式。企业可以选择一些具有重大创新价值的环境技术研发主题，建立实体运作或虚拟运作的学习社区或创新社区（Innovation Community）。通过设计激励机制，邀请成员组织的相关专家参与社区的创新活动。在创新类社区，社区成员能够通过关于某一主题的反复研究和探讨，不断激发智慧灵感，产生新的思路、观点和见解，在知识转移和共享中实现节能技术的创新。

二、中国企业节能技术创新的学习社区模式

（一）节能技术学习社区的形成过程

Granovetter 的嵌入性理论认为，个人嵌入于社会结构中。社会结构是一个社会的人们在多维空间中的社会位置上的分布（Blau，1991）。社会结构的多维性可从个人嵌入的多个群体角度来分析。一个人同时参与了很多其他群体，身上带有其他群体的印记。对于节能技术学习社区的成员来说，当他加入学习社区的同时，他也带来了他嵌入的其他社会群体的关系。旧的社会群体与学习社区群体的交叉和结合，既形塑了新的社会结构，也改变了社会资源的利用和分配方式。

按照 Blau（1991）的观点，一个社会的人们在水平方面的类别参数（如性别、宗教、种族、职业等）和垂直方向的等级参数（如收入、教育、权力等）会

---

①典型例子是 Threadless.com，一个在线 T-shirt 公司。这家公司建立了 T-shirt 设计的社区，任何人都可以设计新的 T-shirt，并对新设计的 T-shirt 进行投票排名。Threadless.com 每周选择 6~10 个款式投入生产。设计被选中的创新者将获得价值 2500 美元的现金和奖励，并将其成就在公司网站进行展示。由此，Threadless.com 将社区形式的分布式创新与商务进行了很好的融合。

②这一模式以 Linux 操作系统为代表。由于数以千计的程序开发者的贡献，Linux 从最初的 1 万行代码，发展到最新版的 400 万行代码。人们参与这一社区的基本动机是用户的需要、好奇以及娱乐。只要你有能力编写代码，并参加一个 Linux 内核邮件列表（LKML），就可以参与 Linux 的开发。

产生分化，进而形成了社会结构。人们在类别参数方面的分化可以用异质性或水平分化来衡量，而人们在等级参数方面的分化可以用不平等或垂直分化来衡量。由此，我们从类别参数和等级参数两个方面来描述学习社区成员嵌入的社会结构。首先，参与学习社区的员工会在类别参数方面出现分化。在企业中，员工所追求的职位序列、兴趣爱好等成为重要的类别参数，由此形成了一些重要的群体：管理者群体、专家群体、非正式群体。参与学习社区的每一位员工，会与其同事、朋友形成一个个非正式的人际关系群体。同时，参与节能技术学习社区的每一位员工都有着自己的正式岗位和身份，他们可能是管理者，嵌入于管理者群体中；可能是技术专家，嵌入于专家群体中。不少员工甚至既是管理者，又是技术专家。我们不妨通过异质性来描述员工在类别参数方面的分化。参与学习社区的员工在等级参数方面也会出现两个维度的分化。一是所属群体间的等级参数分化，二是群体内的等级参数分化。就所属群体间的等级参数分化来说，由于不同企业的文化与人才制度差异，企业对待管理者群体或技术专家群体的待遇就有所差异。群体内的等级参数分化方面，管理者群体有高管、中层管理者、基层管理者等层次之分；技术专家有教授级高工、高工、技师、助理等层次之分。我们不妨通过群体间的不平等和群体内的不平等来描述员工在等级参数方面的分化。

总之，节能技术学习社区成员在这些群体中的位置分布就构成了节能技术学习社区成员嵌入的社会结构。节能技术学习社区成员在这些群体之间的分布越广，则成员的异质性越强。如果以平均地位为基准，所有成对的群体或成员之间的平均距离越大，不平等越严重。异质性和不平等的相互交叉与合并，形成了节能技术学习社区复杂的社会结构。

节能技术学习社区成员嵌入的社会结构的形成过程也是员工在学习社区场域中，以吸引、竞争、分化、整合和冲突为核心的社会交换过程。Blau 的社会交换理论认为，人们之间的交往受到追求报酬的欲望支配。能提供社会报酬的人会吸引其他人，而社会吸引会带来社会交换。互相提供报酬将维持人们之间的相互吸引与继续交往。群体所拥有的战略资源是影响群体间交换是否平等的重要因素，一个人（或群体）如果拥有使其他人为自己提供必要服务和利益的有效诱因的所有必要资源，那么他就受到了保护，不会变得依赖于任何人（或群体）。在学习社区中，各个成员有着吸引力各异的资源，包括技术资源、财务资源、人事决策权等。一般来说，管理者往往拥有更多的财务支配权、人事决策权，而技术专家往往对于技术创新有更强的决策权。这些资源的吸引力取决于其所处的企业以及企业的资源偏好，比如：在制造企业，财务支配权的吸引力可能更强，而在高科技企业，技术资源的吸引力可能更强。

总而言之，在节能技术学习社区中，拥有资源的员工之间彼此竞争，导致了学习社区的社会分化。一方面，拥有吸引力更强资源的成员会拥有权力，从而在节能技术学习社区群体中占据了更高的地位，节能技术学习社区的不平等由此产生。另一方面，随着竞争的深化，不同的成员间会分化为一些子群体，从而产生员工在群体间的分布，节能技术学习社区成员的异质性由此产生。群体的产生可能有多个过程：一是以前就来自同一群体的成员，在学习社区中更容易彼此吸引，形成密切的关系，维持了以前的群体。比如：员工甲和员工乙以前就是企业篮球队的队友，同时进入某个节能技术学习社区后，会比其他成员更容易形成密切的关系。二是节能技术学习社区成员会在各个群体间移动，成为新群体的成员。

（二）影响节能技术学习社区的学习效果因素

员工在节能技术学习社区中开展技术学习，按照其对已有知识的利用程度与创新程度，可分为节能技术利用和节能技术开发两种。在节能技术利用时，员工在已有知识积累的基础上，利用学习社区获得更多的外显知识，与已有的知识基础进行整合，扩大知识基础，产生新的知识应用。而节能技术开发则是员工在学习社区寻找新的知识源，对原有节能技术知识进行创造性破坏，整合不同领域知识的过程。从知识的螺旋式上升过程来看，节能技术利用是知识的整合（Combination），而节能技术开发则是知识的内化与创造。技术利用和技术开发两种技术学习方式的融合是知识的一个完整的螺旋式上升过程。

节能技术学习社区成员的异质性、群体间的地位不平等[1]是学习社区社会分化的两个表征。而社会分化意味着对社会结构各个部分之间面对面交往的阻碍。社会分化程度越高，这些障碍就会越广泛地阻碍社会交往。因此，节能技术学习社区成员的异质性和所属群体间的地位不平等会给学习社区中的利用型学习和探索型学习产生影响，具体而言，节能技术学习社区成员的异质性和所属群体间的地位不平等通过影响学习社区内的竞争程度来影响学习效果。

（1）成员异质性对节能技术社区学习效果的影响

在节能技术学习社区中，成员的异质性主要是成员所处职能岗位的差异。成员的异质性主要有四种重要来源：企业内技术专家划分的多样性、管理职能划分的多样性、业务部门的多样性和非正式群体的多样性。

对于节能技术利用来说，员工主要要考虑如何在已有的产品、技术基础上，提高生产效率，降低成本，改善流程，降低不确定性等。因此，节能技术

---

[1]正如前文所述，技术学习社区的不平等包括群体间和群体内的地位不平等，本研究主要关注群体间的地位不平等。

学习社区成员需要对社区成员共享的知识进行深度的挖掘。成员间的异质性越低，成员间将更可能理解彼此的语言、需求，产生认同，建立密切的关系，从而获得更佳的节能技术利用效果。从创新生态系统的视角来看，企业的组织内创新也是基于企业内部创新生态系统而开展的。在企业内部，企业的探索型学习同样需要各个职能部门、管理部门的密切协作，单兵突进，将很难获得创新的成功。如果学习社区成员的异质性越强，那么，大家从不同的视角来理解同一个产品的创新、技术的创新，将更可能形成认同，从而提高节能产品或节能技术创新成功的概率。因此，学习社区成员的异质性越强，社区的节能技术利用效果越差，但是，社区的节能技术开发效果会越好。

（2）群体间的地位不平等对节能技术社区学习效果的影响

群体间的地位差距会对成员之间的交互性带来负面影响。在企业中，导致群体间地位不平等的主要来源包括：显性收入的不平等、福利的不平等、发展机会的不平等。比如：在国有企业，某一等级管理人员的显性收入和福利往往会高于同等级的技术人员。而在私营企业，情况可能正好相反。

Vnhaverbeke等（2006）认为，在利用型学习中，主导设计已经出现，技术和市场的不确定性降低了。此时，由于市场竞争已经逐渐激烈，价格竞争成为一种重要的竞争方式，所以，以提高生产经营效率、降低成本、实现规模经济、加大技术壁垒等为目的的学习活动变得非常关键。自我效能是指人们对自身完成某项任务的信念，它是人们对其能否利用所拥有的技能去完成任务的自信程度（Bandura，1997）。员工参与节能技术学习社区活动的意愿在很大程度上受到自我效能感的影响。Cabrera（2002）认为自我效能不仅可以提高合作意愿，而且能促进知识共享。Lin（2007）也强调，相信自己的知识共享能为组织做出贡献的员工更有可能表现出对提供知识和获取知识的积极意愿。社区成员所属群体间的地位差距越大，员工的自我效能感会得到正强化，低地位的群体成员会有更强烈的自我效能无助感，从而对节能技术学习社区的技术利用活动存在抵触和消极。相反，高地位的群体成员会产生更强的自我效能感，从而更重视技术利用活动。

对于节能技术开发来说，如果节能技术学习社区中大多数成员间的关系是一种松散关系，彼此间只能获得一些容易理解、编码了的信息，那么，成员间将难以对默会性较高的诀窍或技能进行深入交流。并且，相对节能技术利用而言，节能技术开发的不确定性更大，学习的效果的影响因素更多，影响机制也更复杂。为了提高节能技术开发的效果，学习社区成员间就必须建立密切的关系。另一方面，学习社区所属群体间的地位不平等性越大，学习社区成员间的冲突也会越多。如果学习社区成员所属群体间的地位差距较大，成员就主要跟少数几个核心成员进行密集的互动，但跟其他人员的互动较少，从而制约了共同的语言、模式和价值观的形成，这样的结构反而会造成资源传递与交换的不通畅，不利于网络中的创新（罗家德，2004）。此外，虽然管理层级高的领导、技术层级高的专家掌握了普通员工难以掌握的公司战略、技术发展方向以及技术机密等核心知识。但是，受到企业等级制度与保密制度的约束，在一般的场合，管理层级高的领导、技术层级高的专家不敢也不会轻易将这些知识共享出来，从而妨碍了技术开发活动的顺利开展。因此，群体间的地位越不平等，节能技术学习社区的节能技术利用效果越差，学习社区的节能技术开发效果也越差。

（3）社区竞争对节能技术社区学习效果的影响

在知识经济时代，企业员工为了获取更高的职位、地位和报酬而展开激烈的竞争，而竞争取胜的关键就是个人所掌握的独特知识。Bartol 等（2002）和Szulanski（1996）等学者的研究都发现，在内部竞争激烈的组织中，员工因为恐惧丧失独特的竞争优势，而将个人掌握的独特知识私有化，不乐意进行共享（Lee 等，2007）。共享性的学习将是对自身利益的威胁（Grandori 和 Kogut，2002）。与此类似，Wah（2000）提出，人们倾向于储藏知识是妨碍组织进行知识管理的一个主要因素。毋庸置疑，在知识就是资本，且企业员工创造的知识产权模糊和激励制度不够完善的大环境下，大部分员工在权衡知识共享对个人的"成本和收益"后，将不可避免地进行知识的储藏或私有化，而不是去分享知识，推动组织学习。

社区成员的异质性越强，节能技术学习社区成员所属群体间的地位差距越大，社区内员工的自我概念感会越强，其对学习社区群体内相似性的知觉就会越弱。那么，低地位的群体成员在社区中会倾向于采取身份创造战略，努力提高自己和自己群体的地位。而高地位的群体成员在社区中会采取身份维持战略，努力保持与其他网络中类似的身份，保护他们自己的群体相对于其他群体的威信和地位，由此加剧了学习社区内的竞争。节能技术学习社区的竞争会影响知识共享的积极性，影响技术开发所需的氛围。

第三节　推动中国企业节能技术创新的共性技术供给模式

前文的研究表明，并非所有企业都乐意进行节能技术的创新。改革开放以来，我国开发、示范（引进）和推广了一大批节能新技术、新工艺和新设备，节能技术水平有了很大提高。但从总体上看，投入不足，创新能力弱，先进适用的节能技术，特别是一些有重大带动作用的共性和关键技术开发不够。考虑到节能技术类似于一种公共品，企业的节能技术创新能够带来正外部性。为了推动节能减排，中国政府有必要推动中国企业节能共性技术的供给。以加强节能共性技术的供给为思路来推动中国企业的节能技术创新就是一个很好的方向。2017年11月，工信部印发《产业关键共性技术发展指南（2017年）》，提出优先发展的产业关键共性技术174项，节能环保与资源综合利用占25项，涉及锅炉烟气冷凝回收技术、焦炉窑炉等工业炉窑脱硫脱硝烟气治理技术、多类固体废弃物处理技术。下面本书将研究如何推动这些节能共性技术的供给，完善供给模式。

一、节能共性技术

从技术的专有程度角度来看，节能技术可分为共性技术、专有技术和核心技术三个层次。共性技术是一种能够在一个或多个行业中得以广泛应用的，处于竞争前阶段的技术。由于共性技术具有准公共品性质，共性技术不仅能够带来较大的经济效益，而且会产生较大的社会效益。

根据节能共性技术对国民经济的重要程度和外部性大小，可以将节能共性技术划分为关键共性技术（比如新能源汽车的快速充换电技术、锂电池技术）、一般共性技术和基础共性技术。根据节能共性技术的创新程度，可以将节能共性技术分为产品共性技术和工艺共性技术。产品共性技术可以为一系列产品提供技术支撑，包括较大技术变化的情况和现有的技术基础上的局部改进或者综合集成。工艺共性技术，又称过程共性技术，是指可以服务于多产业、多流程的工艺技术。工艺共性技术同样包括较大技术变化的情况，也包括对原有工艺的改进所形成的共性技术。

按共性技术的性质形态和载体，可以将节能共性技术分为知识型、产品型和经验型三种。产品型共性技术即物化在产品中的共性技术，如元器件、零配件等。知识型共性技术就是以文字等为信息载体，即可编码信息的共性技术。经验型共性技术就是存在于人的经验中的隐性知识或是不可编码知识的共性技术（邹樵，2008）[①]。

二、节能共性技术的供给模式

从国际上来看，共性技术供给的政府主导型组织在日本、韩国等国较为普遍。日、韩长期以来实施技术追赶战略，在引进模仿的基础上实现自主创新，

---

①邹樵. 共性技术扩散与政府行为研究［D］. 武汉：华中科技大学，2008.

共性技术研究主要依托政府动用行政力量，通过各种计划或政策主动牵头，实行官产学研结合，政府在其中起主导作用。而美国、欧盟、加拿大等市场经济高度发达的国家，其共性技术研究主要依靠市场机制，发挥企业的主导作用，政府只负责鼓励和引导。因此，共性技术的供给多是政府引导型和市场自发型组织。

总的来看，在节能共性技术的供给方面，我国可以采取多种组织形式，按照组织的形成力量可分为政府主导型组织、政府引导型组织和市场自发型组织三大类。在政府主导型组织中，政府对共性技术研发起着技术导向、经费投入和研发组织协调等决定性的作用。典型的政府主导型组织包括了国家研究机构、国家专项计划项目、技术基地合作、技术联合体等组织形式。在政府引导型组织中，政府的作用相对宏观，主要是鼓励和促进企业开展基于自身需求的共性技术研发，参与研发过程并给予一定经费补偿。典型的政府引导型组织包括了技术基地合作、技术联合体等组织形式。根据政府在共性技术供给中的作用不同，技术基地合作、技术联合体组织既可以作为政府主导型组织，也可以作为政府引导型组织。在市场自发型组织中，政府的作用相对较小，基本不给予经费补偿。典型的市场自发型组织包括了技术联盟合作、一般技术项目等组织形式。它们一起构成了我国的节能共性技术供给组织体系（如图 7-1 所示）。

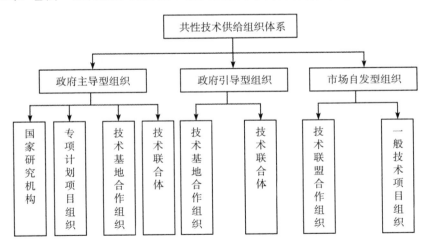

图 7-1 我国节能共性技术供给的组织体系

对比这些节能共性技术供给的组织，发现其各有特点，本书将其总结为如表 7-2 所示特点。

表 7-2   环境共性技术供给组织的特点

序号	组织类型	方式方法	典型形式
1	国家（或地区）研究机构	由政府承担大部分甚至全部经费，按照非营利研究机构的方式运行，比较适宜于基础性共性与关键技术和关键技术的研发，但一般负有与产业界进行技术合作，以及向产业界进行技术转移的职责	国家省部级等重点实验室、重点学科等
2	政府专项计划项目组织	政府根据产业发展战略和需求，确定重点领域的重点项目	"863"计划、重大专项等
3	技术基地合作组织	是由政府或企业出资，依托企业、大学或科研机构建立的以共性与关键技术研发为主要任务的研发组织。政府、企业提供资金和设备，大学或研究机构提供场地和研究人员。基地的建设和管理具有一定的独立性，运行具有一定的开放性、长期性和稳定性	国家和省部级工程中心、大学的研究基地
4	技术合作联合体组织	政府、企业、研究院所和大学等通过专业分工和协作形成一个联合体，将基础研究、应用研究和技术开发集成起来进行技术合作的一种模式。其主要作用在于知识传递和分享，而非简单的战略贡献、物质资源分享和降低交易成本。通过技术联合体，企业、研究院所和大学等形成一个利益共同体，这样开发出来的技术可以最大可能地得到整个产业界的认可，使得所开发出来的技术具有社会经济价值	共性技术平台、高校的产学研中心
5	技术联盟合作组织	是由不同的企业、大学或科研机构联合建立的以契约关系为基础的合作研究组织，不同主体之间通过形成利益共同体从事共性与关键技术研究开发。一个显著特点就是技术外溢范围限于联盟成员	合资技术研发中心、节能技术联盟
6	一般技术项目合作组织	为完成某一特定技术项目的研究与开发，通过合作投入完成技术的研究和开发的过程，共享研究与开发成果的一种技术合作方式，是通过市场行为形成临时性组织	技术转让、技术咨询、委托开发等

三、节能共性技术供给的平台模式

共性技术创新平台是共性技术供给的重要方式。共性技术平台属于技术合作联合体组织的一种，可以是政府主导型，也可以是政府引导型，政府主导更有利于共性技术的扩散。在节能环保领域，共性技术创新平台也以节能环保科技服务平台等形式存在。与其他共性技术供给组织形式相比，共性技术平台在政府资金投入比例、政府干预类型、供给的共性技术类型、服务目标等多个方面有着鲜明的特点：第一，政府对共性技术平台的资金投入比例较小。第二，政府对共性技术平台起着组织者和倡导者的作用，不直接干预平台的运行。第三，平台提供的共性技术既可以是关键共性技术，也可以是基础共性技术和一般共性技术。第四，平台的服务范围较广，覆盖了与节能技术应用相关的产业（如表7-3所示）。

表7-3　　　　　共性技术平台与其他共性技术供给组织的比较

共性技术供给模式	政府资金投入比例	政府干预类型	共性技术类型	服务范围
共性技术平台	部分或政策引导	间接引导	关键共性技术、一般共性技术、基础共性技术	相关产业
专项计划	全额或部分	直接供给	关键共性技术	专项计划内的产业或组织
技术联盟	部分或政策引导	间接引导	关键共性技术、一般共性技术	技术联盟
科研基地	投入稳定的运行费用	直接供给	一般共性技术	相关产业
国家共性技术研究机构	全额	直接供给	基础共性技术、关键共性技术	相关产业

无论是从创新资源的投入，还是创新主体间的关系治理来看，节能共性技术创新平台的分布式创新效果的好坏都与平台的运作体系存在密切的关系。我们认为，节能共性技术创新平台的运作体系可从两个层面来分析。第一个层面是平台的治理层，主要考虑如何治理平台资源投入主体间的关系。按照 Carliss Y. Baldwin（2012）的思想，作为一个以分布式创新为任务的组织，节能共性技术平台的核心组织设计问题是如何将多个不同的资源投入主体整合到一个内在连贯的网络进行创新。为了回答这个问题，平台的组织设计者必须考虑如何设计一种公平、公正的治理结构，在平台参与者之间分配权力，明确平台的功能定位，确定平台参与者在平台运行中的角色、责权利以及创新收益权分配机制。因此，权力结构是确定共性技术创新平台运作体系首先要考虑的问题。第二个层面是节能共性技术创新平台的运行层，主要考虑如何治理节能共性技术创新项目参与主体间的关系，以提高平台运行效率与效果。根据创新结构理论

中的三螺旋理论（Triple Helix，TH）[1]，在平台的运行阶段，政府（包括政府机构与行业协会）、产业部门、大学部门（包括大学、科研机构以及其他知识生产机构）与分布在世界各地的专家（下文简称为分布式专家）是共性技术创新项目的重要参与者。对这些参与共性技术创新的主体，可以通过市场契约、关系契约以及科层等方式来治理。

（1）平台的治理层与平台的权力结构

节能共性技术创新平台的权力结构在很大程度上是由成员的资源特质所决定的。由于各成员拥有异质的资源、能力，它们在平台运行中所起的作用各有差异，各个成员在平台中权力的领域和大小有所不同，从而塑造了节能共性技术平台的权力结构。

共性技术的集成性、超前性和风险性对创新所需的资金、设备与技术能力、风险管理能力提出了较高的要求，限制了单个组织完成共性技术研发的可能性。从各类组织的组织使命、资源特点来看，政府、产业部门、大学部门是共性技术创新平台的主要建设者。它们投入各种资源，组建了节能共性技术创新平台。成员间的资源禀赋和运行模式设计，决定了权力的分配与结构，而共性技术创新平台的权力结构则进一步影响了节能共性技术创新平台运营中的资源流动[2]。一般来说，产业部门通常对共性技术的应用市场需求、商业化模式有着更为深刻的认知，拥有更先进的研发设备，研发资金也较为充裕。而大学部门通常在共性技术的研发基础、发展趋势等知识方面有更持久的研究与积累，在共性技术的传播与知识培训等方面具有先天的优势。政府则在产业发展、企业扶持等政策的制定与实施方面有着决定权。政府对共性技术平台的扶持政策等制度不仅直接决定了其对共性技术平台的资源投入，而且间接影响了行业协会、企业、高校与科研机构对共性技术平台的资源投入。因此，我们不能像资源基础观那样将制度作为影响组织经营的外在环境或背景条件，而必须将其作为一个重要变量，纳入分析框架。

Sawhney 和 Prandelli（2000）的研究发现，创新社区会由一个核心企业来治理，并且，它作为发起者和参与规则的制定者。对于一个系统来说，核心成员是必不可少的。没有核心成员，非核心成员就没有存在的价值。根据现代产权理论，追求利润的核心成员必然会要求非核心成员创造的增加值。因此，创新社区吸引问题解决者的能力与追求利润的核心成员的数量是成反比的。与注重"产权"的核心成员相比，一个"免费"的核心将会吸引分布式创新者的更多

---

[1]三螺旋理论最早出现在由 Henry Etzkowitz 于 1995 年提出的创新结构理论中。

[2]Ghoshal，Bartlett（1990）提出，资源的布局是过去的资源流动的结果，而组织间网络的资源流动受到权力分配的影响。

投资。林纳斯·托瓦兹（Linus Torvalds）利用了这一点，从而使得 Linux 操作系统成为一个功能全面的（fully functional）、开放源的操作系统。因此，作为以赢利为主要目的的经营实体，产业部门主导共性技术平台，必然会影响共性技术的扩散效应。部分学者认为政府应在共性技术创新平台中起到主导作用，企业应在共性技术创新平台中起到主体地位（薛捷，张振刚，2006）。也有学者认为，大学的定位并非从研发活动中追求经济回报，而且它们可以尽可能地扩散共性技术的创新成果。因此，大学是节能共性技术创新平台中的核心节点（key nodes）。

我们认为，由于政府、产业、大学等部门各自的资源差异，它们在具有优势的资源领域将成为共性技术平台的整合者①，并由此形成对相应决策事项的主导权。这就意味着节能共性技术创新平台一般是一种分布式权力中心。

至于各成员在共性技术创新平台权力结构中的位置，我们需要分析其资源的稀缺性与竞争性。Kogut（2000）提出，如果资源是稀缺的，以至于它构成了一种瓶颈技术的话，产权对网络尤其有着重要的影响。对瓶颈资源产权的拥有能产生一种垄断地位。因此，要分析各个组织在共性技术创新平台中的权力或地位，必须分析各个组织所提供资源的稀缺性。在节能共性技术创新平台的各种资源中，政府提供的共性技术研发的扶持政策是其他成员所无法提供的，具有稀缺性。因此，节能共性技术创新平台的权力结构中，政府应作为产业共性技术创新平台的策划、组织与规则参与制定者，决定平台的发展方向、技术创新方向等涉及平台整体发展的重大事项。

产业部门和大学部门提供资源的稀缺性，取决于参与共性技术研发的企业数目、大学数目，以及企业和大学在节能共性技术研发领域的知识重叠程度与技术领先程度。一般来说，参与节能共性技术研发的企业数目越多，意味着产业部门中的企业之间对节能共性技术的竞争越激烈；参与节能共性技术研发的大学数目越多，意味着大学部门中的组织之间对于节能共性技术的竞争越激烈。在这种情形下，产业部门内部和大学部门内部之间将通过争夺平台权力结构中的核心位置、垄断知识或技术等方式，让节能共性技术平台的权力结构表现得更为分散。

在节能共性技术领域的知识重叠程度较大、技术领先程度较大的情况下，产业部门或大学部门内部以及两大部门之间将分别控制影响节能共性技术平台

---

① Brusoni 等（2001）强调了系统整合者在松散组合的组织间的关键作用。它们的协调作用反映了对不确定性和不均衡技术发展的有效响应。系统整合者领导和协调了网络中专业化供应商的工作，同时维持内部整合能力。实际上，在一个复杂的网络中，可能存在多个系统整合者。比如，除了协调和整合技术进展的整合者之外，还可能有作为角色间以及各技术系统领域间的知识传播者。

运行的技术等资源，从而出现"少了谁，平台都难以良性运行"的局面。因此，大学部门与产业部门在共性技术领域的知识重叠程度越小，技术领先程度越接近，节能共性技术创新平台的权力结构将越分散。

（2）平台的运行层与运行模式

综合节能共性技术创新平台的功能以及共性技术创新项目参与主体间的关系治理方式，我们可以将节能共性技术创新平台的运行模式分为四种：以市场化项目运作的虚拟化平台、以市场化项目运作的实体化平台、以联盟形式运作的虚拟化平台、以公司制运作的实体化平台。

一是以市场化项目运作的虚拟化平台。在这一模式中，节能共性技术创新平台作为一个虚拟的运营实体，主要为节能共性技术的创新提供知识中介（Knowledge Broker）[①]、平台日常的行政管理（如办公室事务、平台软硬件资源管理、平台网站建设等）、创新活动的协调等活动。共性技术的研发与创新主要依赖于分布在大学和企业的专家来共同完成。平台的运行经费来源包括政府拨款，大学为专家提供的工资、劳务费和科研津贴等，以及企业的科研项目经费等。共性技术创新平台的成员就政府设立的项目、研究计划或者企业的研发项目进行分布式创新，项目结束或研究计划终止后，成员的合作即结束。

二是以市场化项目运作的实体化平台。在这一模式中，节能共性技术平台可以由国家或行业协会出资成立，但由大学或企业来拥有和运作。具体运作可以借鉴美国的 GOCO（国有民营，Government-Owned 和 Company-Operated）模式和 COCO（Contractor-Owned 和 Contractor-Operated）模式。GOCO 模式是政府拥有共性技术平台的设备等资源，由大学或企业提供雇员和管理者来管理和运营共性技术平台的一种管理模式；而 COCO 模式则是政府提供资助，由政府与大学或企业共同建设，但平台属于大学或企业拥有并由其进行管理的一种管理模式。

三是以联盟形式运作的虚拟或实体化平台。在这一模式中，政府、产业部门和大学部门签订长期的合作协议，各方依据协议转移相应资源的使用权，共同组建节能共性技术创新平台。节能共性技术创新平台仍作为一个虚拟或实体化的运营实体，主要为共性技术的创新提供知识中介、平台日常的行政管理、创新活动的协调等活动。平台仅有少数兼职或专职的行政工作人员，维持平台的日常运作，实际的技术研究中心分布在平台的各个成员组织中。节能共性技术的创新项目由企业或大学等组织来主导。成员之间的关系依赖于信任、限制

[①]在服务过程中，共性技术需求方通过共性技术平台的网络系统向平台提出服务需求。针对接收到的共性技术需求，共性技术平台根据自身已有的资源对企业的技术服务需求进行判定、分类，帮助需求方找到配对的单位为其提供服务。

进入、网络文化、联合制裁和信誉等方式来治理，以防范网络成员的机会主义行为，降低交易成本。2018 年 7 月成立的上海航天智慧能源 "8761" 协同创新中心①是此种模式的典型代表。

四是以公司制运作的实体化平台。在这一模式中，节能共性技术创新平台作为一个独立运营的实体。政府、高校或企业作为平台的依托单位，与平台存在行政意义上的科层关系②。平台建立了自己的研发中心，并可能在成员组织建立多个研究中心，拥有分布式的研发能力③。政府部门、产业部门、大学部门作为共性技术创新平台的资源投入者，根据资源投入获得相应的控制权，整合平台实体以及其他成员的分布式资源进行技术创新。此外，节能共性技术平台利用平台的知识库或部分技术设施，为需求方提供知识中介、技术问题咨询、技术培训、人才培养等服务，由研发受益主体提供研发设备、专家的使用费。此种共性技术创新平台的运行模式有助于将平台建设成为一个自负盈亏、独立经营的实体，一方面能为平台带来持续的资源输入，另一方面也为平台的投资者带来回报，激励了各方的平台建设与投入积极性。成都市新能源产业技术研究院就是这一模式的典型代表。

---

①2018 年 7 月，上航工业下属智慧能源研究院联合同济大学、上海电力学院、八院 811 所等多家单位共同成立航天智慧能源 "8761" 协同创新中心。创新中心将致力于打造开放的智慧能源共性技术平台，推动智慧能源关键共性技术的突破。

②平台可以是一个法人机构，也可以是依托企事业单位的非法人机构。

③Granstrand 等（1997）认为，共性技术平台需要发展为拥有多种共性技术的机构，必须拥有分布式而不是独特的能力。

参考文献

［1］ Amit R,Schoemaker P J H.Strategic assets and organizational rent［J］.Strategic Management Journal,1993,14(1):33-46.

［2］ Andersson U, Forsgren M. Subsidiary embeddedness and control in the multinational corporation［J］.International Business Review,1996,5(5):487-508.

［3］ Andersson L M,Bateman T S.Individual environmental initiative:championing natural environmental issues in U.S.business organizations［J］.The Academy of Management Journal,2000,43(4):548-570.

［4］ Andersson U,Forsgren M,Holm U.The strategic impact of external networks: subsidiary performance and competence development in the multinational corporation［J］.Strategic Management Journal,2002,23(11):979-996.

［5］ Antonio C.Network structure and innovation:the leveraging of a dual network as a distinctive relational capability［J］.Strategic Management Journal,2007,28(6):585-608.

［6］ Aragon-Correa J A,Leyva-De I H D I.The influence of technology differences on corporate environmental patents:a resource-based versus an institutional view of green innovations［J］.Business Strategy and the Environment,2016,25(6):421-434.

［7］ Aragon-Correa J A,Sharma S.A contingent resource-based view of proactive corporate environmental strategy［J］.The Academy of Management Review,2003,28(1):71-88.

［8］ Arora S,Cason T N.An experiment in voluntary environmental regulation: participation in EPA's 33/50 program［J］.Journal of Environmental Economics and Management,1995,28(3):271-287.

［9］ Arora S, Cason T N. Do community characteristics influence environmental outcomes? Evidence from the toxics release inventory［J］.Southern Economic

Journal,1999,65(4):691-716.

[10] Arun Rai, Maruping L M, Viswanath V, et al. Offshore information systems project success[J].MIS Quarterly,2009,33(3):617-641.

[11] Atuahene G K. Resolving the capability: rigidity paradox in new product innovation[J].The Journal of Marketing,2005,69(4):61-83.

[12] Bandura A.Self-Efficacy: toward a unifying theory of behavioral change[J]. Psychological Review,1977,84(2):191-215.

[13] Bansal P, Roth K. Why companies go green: a model of ecological responsiveness[J].The Academy of Management Journal,2000,43(4):717-747.

[14] Bartlett J E, Kotrlik J W, Higgins C C. Organizational research: determine appropriate sample size in survey research [J]. Information Technology, Learning,and Performance Journal,2001,19(1):43-50.

[15] Bartol K M, Srivastava A. Encouraging knowledge sharing: the role of organizational reward systems [J]. Journal of Leadership and Organizational Studies,2002,9(1):64-77.

[16] Bogers M, Afuah A, Bastian B. Users as innovators: a review, critique, and future research directions[J].Journal of Management,2010,36(4):857-875.

[17] Bogers M,West J.Managing distributed innovation:strategic utilization of open and user innovation[J].Creativity and Innovation Management,2012,21(1):61-75.

[18] Bowen F E. Does organisational slack stimulate the implementation of environmental initiatives [C]. The International Association of Business and Society Annual Meeting,Paris,1999.

[19] Bowen F E.Environmental visibility:a trigger of green organizational response [J].Business Strategy and the Environment,2000,9(2):92-107.

[20] Brio J A del, Fernandez E, Junquera B, et al. Environmental managers and departments as driving forces of TQEM in Spanish industrial companies[J]. The International Journal of Quality and Reliability Management,2001,18(4/5):495-511.

[21] Brooks N. The distribution of pollution: community characteristics and exposure to air toxics [J]. Journal of Environmental Economics and Management,1997,32(2):233-250.

[22] Brusoniet S, Prencipe A, Pavitt K. Knowledge specialization, organizational

coupling, and the boundaries of the firm: why do firms know more than they make[J]. Administrative Science Quarterly, 2001, 46(4):597-621.

[23] Burt R S. The contingent value of social capital[J]. Administrative Science Quarterly, 1997, 42(2):339-365.

[24] Burt R S. The network structure of social capital in research in organizational behavior[R]//Robert Sutton Staw, eds. Greenwich, CT: JAI Press, 2000:153.

[25] Cabrera A, Cabrera E F. Knowledge-Sharing dilemmas [J]. Organizational Studies, 2002, 23(5):687-710.

[26] Callan S J, Thomas J M. Corporate financial performance and corporate social performance: an update and reinvestigation [J]. Corporate Social Responsibility and Environmental Management, 2009, 16(2):61-78.

[27] Lópezgamero M D, Clavercotés E, Molinaazorin J F. Complementary resources and capabilities for an ethical and environmental management: a qual/quan study[J]. Journal of Business Ethics, 2008, 82(3):701-732.

[28] Cannon J P, Achrol R, Gregory G. Contracts, norms, and plural form governance[J]. Academy of Marketing Science, 2000, 28(2):180-194.

[29] Chen Feiyu, Chen Hong, Guo Daoyan, et al. Analysis of undesired environmental behavior among Chinese undergraduates[J]. Journal of Cleaner Production, 2017, 162(9):1239-1251.

[30] Chesbrough H. Open innovation, the new imperative for creating and profiting from technology[M]. Boston, MA: Harvard Business School Press, 2003.

[31] Christmann P. Effects of "best practices" of environmental management on cost advantage: the role of complementary assets[J]. Academy of Management Journal, 2000, 43(4):663-680.

[32] Christmann P, Taylor G. Globalization and the environment: determinants of firm self-regulation in China[J]. Journal of International Business Studies, 2001, 32(3):439-458.

[33] Chua R Y J, Ingram P, Morris M W. From the head and the heart: locating cognition- and affect-based trust in manager's professional networks [J]. Academy of Management Journal, 2008, 51(3):436-452.

[34] Claver E, López M D, Molina J F. Environmental management and firm performance: a case study [J]. Journal of Environmental Management, 2007, 84(4):606-619.

[35] Coleman J S. Social Capital in the creation of human capital[J]. American

Journal of Sociology,1988,94(Supplement):95-120.

[36] David O'Sullivan, Lawrence D, Li Jiangqiang, et al. Distributed innovation management[M].UK:Cambridge University Press,2003:125.

[37] Dawkins C E, Fraas J W, Michalos A C.Beyond acclamations and excuses: environmental performance, voluntary environmental disclosure and the role of visibility[J].Journal of Business Ethics,2011,99(3):383-397.

[38] Dawkins C E. First to market: issue management pacesetters and the pharmaceutical industry response to AIDS in Africa[J].Business and Society, 2005,44(3):244-282.

[39] Debowski S. Knowledge management [M]. Sydney: John Wiley and Sons Australia, Ltd.,2006.

[40] Delmas M A, Burbano V C. The drivers of greenwashing [J]. California Management Review,2011,54(1):64-87.

[41] Denning K C, Shastri K.Environmental performance and corporate behavior [J].Journal of Economic and Social Research,2000,2(1):13-38.

[42] Destek M A, Aslan A.Renewable and non-renewable energy consumption and economic growth in emerging economies: evidence from bootstrap panel causality[J].Renewable Energy,2017,111(10):757-763.

[43] Dhingra S, Julena S.Major barriers as experienced from an ESCO's perspective [C].The International ESCO Conference,TansenMarg,New Delhi,2005.

[44] DiMaggio P J, Powell W W.The new institutionalism in organizational analysis [M].Chicago:University of Chicago Press,1991:1-38.

[45] Dong J L, Ahn J H.Reward systems for intra-organizational knowledge sharing [J].European Journal of Operational Research,2007,180(2):938-956.

[46] Dyer J H, Nobeoka K.Creating and managing a high-performance knowledge-sharing network: the Toyota case [J]. Strategic Management Journal, 2000 (21):345-367.

[47] Earnhart D, Lubomir L.Effects of ownership and financial status on corporate environmental performance[R].William Davidson Working Paper,2002:492.

[48] Earnhart D.Regulatory factors shaping environmental performance at publicly-owned treatment plants [J]. Journal of Environmental Economics and Management,2004,48(1):655-668.

[49] Elishav O, Lewin D R, Shter Gennady E, et al. The nitrogen economy: economic feasibility analysis of nitrogen-based fuels as energy carriers[J].

Applied Energy,2017,185(10):183-188.

[50] Elsadig M Ah. Are bio-economy dimensions new stream of the knowledge economy [J]. World Journal of Science, Technology and Sustainable Development,2018,15(2):142-155.

[51] Eric W,Yasuhumi M.Voluntary adoption of ISO14001 in Japan:mechanisms, stages and effects[J].Business Strategy and the Environment,2002,11(1): 43-62.

[52] Fang Weita,Ng Eric,Chang Meichuan.Physical outdoor activity versus indoor activity:their influence on environmental behaviors[J].International Journal of Environmental Research and Public Health,2017,14(7):797-824.

[53] Freimann J,Walther M.The impacts of corporate environmental management systems: a comparison between EMAS and ISO 14001 [J]. Greener Management International,2001,36(1):91-103.

[54] Frondel M, Horbach J, Rennings K. End-of-pipe or cleaner production? an empirical comparison of environmental innovation decisions across OECD countries [J].Business Strategy and the Environment,2007,16(8):571-584.

[55] Ganesan S. Determinants of long-term orientation in buyer—seller relationships[J].Journal of Marketing,1994,58(2):1-19.

[56] Gatersleben B.Measurement and determinants of environmentally significant consumer behavior[J].Environment and Behavior,2002,34(3):335-362.

[57] Gay L R.Educational research:competencies for analysis and application[M]. New York:Merrill,1992.

[58] Gercek G, Saleem N, Steel D. Networked services outsourcing for small business:a lifecycle approach[J].Journal of Global Business & Technology, 2016,12(1):23-32.

[59] Geyskens I,Steenkamp J E M,Scheer L K, et al. The effects of trust and interdependence on relationship commitment [J]. International Journal of Research in Marketing,1996,13(2):303-317.

[60] Ghoshal S,Bartlett C A.The multinational corporation as an interorganizational network[J].Academy of Management Review,1990,15(4):603-625.

[61] Gilliland D I, Bello D C.Two sides to attitudinal commitment:the effect of calculative and loyalty commitment on enforcement mechanisms in distribution channels[J].Journal of the Academy of Marketing Science,2002,30(1):24-43.

［62］ Gin M S, Suho B. State-Level institutional pressure, firms' organizational attributes, and corporate voluntary environmental behavior［J］. Society and Natural Resources, 2011, 11(7):1189-1206.

［63］ Goo J, Kishore R, Rao H R. The role of service level agreements in relational management of information technology［J］. Management Information System Quarterly, 2009, 33(1):119-145.

［64］ Graham D, Woods N. Making corporate self-regulation effective in developing countries［J］. World Development, 2006, 34(5):868-883.

［65］ Grandori A. Neither hierarchy nor identity: knowledge—governance mechanisms and the theory of the firm［J］. Journal of Management and Governance, 2001, 5(3):381-399.

［66］ Grandori A, Kogut B. Dialogue on organization and knowledge［J］. Organization Science, 2002, 13(3):224-231.

［67］ Granovetter M, Swedberg R. The sociology of economic life［M］. Boulder: Westview, 1992.

［68］ Granstrand O, Patel P, Pavitt K. Multi-Technology corporations: why they have "distributed" rather than "distinctive core" competences［J］. California Management Review, 1997, 39(4):8-25.

［69］ Gray B, Ronald J. When and why do plants comply? Paper mills in the1980s［J］. Law and Policy, 2005, 27(2):238-261.

［70］ Gray B, Scholz T. Analyzing the equity and efficiency of OSHA enforcement［J］. Law and Policy, 1991, 13(1):185-214.

［71］ Gundlach G T, Achrol R S, Mentzer J T. The structure of commitment in exchange［J］. Journal of Marketing, 1995, 59(1):78-92.

［72］ Gunningham A, et al. Shades of green: business, regulation, and environment［M］. California: Stanford University Press, 2003.

［73］ Hambrick D C, Cho T S, Chen M. The influence of top management team heterogeneity on firm's competitive moves［J］. Administrative Science Quarterly, 1996, 41(4):659-684.

［74］ Harangzo G, et al. Environmental management practices in the manufacturing sector［J］. Journal of East European Management Studies, 2010, 4(2):312-348.

［75］ Hart A. Natural-resource-based view of the firm［J］. Academy of Management Review, 1995, 20(4):986-1014.

[76] Hayami Y.Assessment of the green revolution[M]//Eicher S J.Agricultural development in the third world.Baltimore,USA:The Johns Hopkins University Press,1984.

[77] Henriques I,Sadorsky P.The determinants of an environmentally responsive firm:an empirical approach[J].Journal of Environmental Economics and Management,1996,30(3):381-395.

[78] Hippel E V.Horizontal innovation networks:by and for users[J].Industrial and Corporate Change,2007,16(2):293-315.

[79] Hippel E V,Katz R.Shifting innovation to users via toolkits[J].Management Science,2002,48(7):821-833.

[80] Holder-Webb L,Cohen J R,Nath L.The supply of corporate social responsibility disclosures among US firms [J].Journal of Business Ethics,2009,84(4):497-527.

[81] Howard-Grenville J,Anne J.Inside out:a cultural study of environmental work in semiconductor manufacturing[D].MA,Cambrige:Massachusetts Institute of Technology,2000.

[82] Huq M,Wheeler D.Pollution reduction without formal regulation:evidence from Bangladesh[R].Mimeo:The World Bank,1999.

[83] Imaz M,Sheinbaum C.Science and technology in the framework of the sustainable development goals[J].World Journal of Science,Technology and Sustainable Development,2017,14(1):2-17.

[84] Jabbour C.Non-linear pathways of corporate environmental management:a survey of ISO14001-certified companies in Brazil[J].Journal of Cleaner Production,2010,18(12):1222-1225.

[85] Jahner S,Böhmann T,Krcmar H.Anticipating and considering customers' flexibility demands in IS outsourcing relationships[C]//Proceedings of the 14th European Conference on Information Systems,Göteborg,Sweden,2006.

[86] Jennifer E.Energy service companies(ESCOs)in developing countries[EB/OL].(2010-05-03)[2018-04-05].www.iisd.org,2010.5.

[87] Jin Yi,Tang Xu,Feng Cuiyang,et al.Energy and water conservation synergy in China:2007-2012[J].Resources,Conservation & Recycling,2017,127(12):206-215.

[88] Kamien M I,Muller E,Zang I.Research joint ventures and R & D cartels[J].American Economic Review,1992,82(5):1293-1306.

［89］ Ketler K, Walstrom J. The outsourcing decision［J］. International Journal of Information Management, 1993, 13(1): 449-459.

［90］ Kim S, Chung Y. Critical success factors for IS outsourcing implementation from an interorganizational relationship perspective［J］. The Journal of Computer Information Systems, 2003, 43(7): 81-90

［91］ Kingshott R P J. The impact of psychological contracts upon trust and commitment within supplier—buyer relationships: a social exchange view［J］. Industrial Marketing Management, 2006, 35(6): 1-16.

［92］ Klassen R D, McLaughlin C P. The impact of environmental management on firm performance［J］. Management Science, 1996, 42(8): 1199-1214.

［93］ Kogut B. The network as knowledge: generative rules and the emergence of structure［J］. Strategic Management Journal, 2000, 21(3): 405-425.

［94］ Koh C, Ang S, Straub D W. IT outsourcing success: a psychological contract perspective［J］. Information Systems Research, 2004, 15(4): 356-373.

［95］ Kostka G, Shin K. Energy conservation through energy service companies: empirical analysis from China［J］. Energy Policy, 2013, 52(1): 748-759.

［96］ Kreijns K, Kirschner P A, Jochems W. Identifying the pitfalls for social interaction in computer-supported collaborative learning environments: a review of the research［J］. Computers in Human Behavior, 2003, 19(3): 335-353.

［97］ Krzyżewska I, Kyziołkomosińska J, Rosikdulewska C, et al. Inorganic nanomaterials in the aquatic environment: behavior, toxicity, and interaction with environmental elements［J］. Archives of Environmental Protection, 2016, 42(1): 87-101.

［98］ Lacity M C, Willcocks L P. An empirical investigation of information technology sourcing practices: lessons from experience［J］. Management Information System Quarterly, 1998, 22(3): 363-408.

［99］ Lahiri S, Kedia B L, Raghunath S, et al. Anticipated rivalry as a moderator of the relationship between firm resources and performance［J］. International Journal of Management, 2009, 26(1): 146-158.

［100］ Lai J H K, Yik F W H, Jones P. Critical contractual issues of outsourced operation and maintenance service for commercial buildings［J］. International Journal of Service Industry Management, 2006, 17(4): 220-242.

［101］ Larson A. Networks dyads in entrepreneurial settings: a study of the governance of exchange relationships[J].Administrative Science Quarterly, 1992,37(11):76-104.

[102] Lechner C,Dowling M.Firm networks:external relationships as sources for the growth and competitiveness of entrepreneurial firms[J].Entrepreneurship and Regional Development,2003,15(1):1-26.

[103] Li D Y,Zhao Y N,Zhang L,et al.Impact of quality management on green innovation[J].Journal of Cleaner Production,2018,170(1):462-470.

[104] Li Y,Xie E,Teo H H,Peng M W.Formal control and social control in domestic and international buyer—supplier relationships [J]. Journal of Operations Management,2010,28(1):333-344.

[105] Lin C Y,Ho Y H.The influences of environmental uncertainty on corporate green behavior[J].Social Behavior and Personality,2010,38(5):691-696.

[106] Lin H F.Knowledge sharing and firm innovation capability:an empirical study[J].International Journal of Manpower,2007,28(3/4):315-332.

[107] Liu Y.Investigating external environmental pressure on firms and their behavior in Yangtze River Delta of China[J].Journal of Cleaner Production, 2009,17(16):1480-1486.

[108] Lovblad M,Hyder A S,Lonnstedt L.Affective commitment in industrial customer—supplier relations:a psychological contract approach[J].Journal of Business & Industrial Marketing,2012,27(4):275-285.

[109] Maassen M A.Correlations between energy economy and housing market prices in the EU-impacts on future sustainability[J].Proceedings of the International Conference on Business Excellence,2017,11(1):45-54.

[110] Marquis C,Toffel M W.When do firms greenwash? Corporate visibility,civil society scrutiny,and environmental disclosure[J].Harvard Business School Working Papers,2012(20):11-115.

[111] McFarlan F W,Nolan R L.How to manage an IT outsourcing alliance[J]. Social Management Review,1995,11(4):9-23.

[112] Mendeloff J,Gray W B.Inside the black box:how do OSHA inspections lead to reductions in workplace injuries[J].Law and Policy,2005,27(2):219-237.

[113] Meyer J W,Rowan B.Institutionalized organizations:formal structure as myth and ceremony[J].American Journal of Sociology,1977,83(2):340-363.

[114] Meznar M B,Nigh D.Buffer or bridge? Environmental and organizational

determinants of public affairs activities in American firms[J].The Academy of Management Journal,1995,38(4):975-996.

[115] Michael D. Social networks and economic sociology: a proposed research agenda for a more complete social science [J]. American Journal of Economics and Sociology,1997,56(3):287-302.

[116] Miranda S M, Kavan C B. Moments of governance in IS outsourcing[J]. Journal of Information Techonology,2005,20(3):152-169.

[117] Moon S G. Corporate environmental behaviors in voluntary programs [J]. Social Science Quarterly,2008,89(5):1102-1120.

[118] Moricz P, Drotos G. Returpack: the integrator of the beverage can recycling process[J].Emerald Emerging Markets Case Studies,2016,6(2):1-33.

[119] Moyano-Fuentes J, Maqueira-Marín J M, Bruque-Cámara S. Process innovation and environmental sustainability engagement: an application on technological firms[J].Journal of Cleaner Production,2018,171(10):844-856.

[120] Murray F, O'Mahony S.Exploring the foundations of cumulative innovation: implications for organization science[J].Organization Science,2007,18(6): 1006-1021.

[121] Naha Pit J, Ghoshal S. Social capital, intellectual capital and the organizational advantage [J]. Academy of Management Review, 1998, 23 (2):242-266.

[122] Nelson R. High-Technology policies: a five nation comparison [M]. Washington:American Enterprise Institute for Public Policy Research,1984: 78.

[123] Noorderhaven N G. Opportunism and trust in transaction coste conomics [M]// Groenewegen J. Transaction cost economics and beyond. Boston: Kluwer Academic Publishers,1997.

[124] OECD. The measurement of science and technology activities [M]. Luxembourg:OECD Publishing,2005.

[125] Oliver R L.Satisfaction: a behavioral perspective on the consumer[M].New York:McGraw-Hill,1997.

[126] Oliver T, Alexandra K, Max V, et al. Applying the Campbell Paradigm to sustainable travel behavior: compensatory effects of environmental attitude and the transportation environment [J]. Transportation Research Part F:

Psychology and Behaviour,2018,56(7):392-407.

[127] Ozen S,Kusku F.Corporate environmental citizenship variation in developing countries:an institutional framework[J].Journal of Business Ethics,2009,89 (2):297-313.

[128] Parker D W, Russell K A. Outsourcing and inter/intra supply chain dynamics: strategic management issues [J]. Journal of Supply Chain Management,2004,40(4):56-68.

[129] Paul A, Pavlou A, Gefen D. Psychological contract violation in online marketplaces: antecedents, consequences, and moderating role [J]. Information Systems Research,2005,16(4):372-399.

[130] Penrose E. The theory of the growth of the firm [M]. New York: Oxford University Press,1959.

[131] Perez O, Amichai-Hamburger Y, Shterental T. The dynamic of corporate self-regulation: ISO 14001 environmental commitment, and organizational citizenship behavior[J].Law and Society Review,2009,43(3):593-631.

[132] Pfeffer J, Salancik G R. The external control of organizations: a resource dependence perspective [M].New York:Harper and Row,1978.

[133] Phillips N,Lawrence T B,Hardy C.Discourse and institutions[J].Academy of Management Review,2004,29(4):635-652.

[134] Pitsakis K,Biniari M G,Kuin T.Resisting change:organizational decoupling through an identity construction perspective[J]. Journal of Organizational Change Management,2012,25(6):835-852.

[135] Poppo L,Zenger T.Do formal contacts and relational governance function as substitutes or complements[J].Strategic Management Journal,2002,23(8): 707-725.

[136] Prahalad C K,Hamel G.The core competence of the corporation[J].Harvard Business Review,1990,68(3):275-292.

[137] Power N, Beattie G, McGuire L. Mapping our underlying cognitions and emotions about good environmental behavior:why we fail to act despite the best of intentions[J].Semiotica,2017(215):193-234.

[138] Prakash A. Greening the firm: the politics of corporate environmentalism [M].Cambridge,UK:Cambridge University Press,2000.

[139] Qi C, Chau P Y K. Relationship, contract and IT outsourcing success: evidence from two descriptive case studies[J]. Decision Support Systems,

2012,16(5):859-869.

[140] Ravindran K, Susarla A, Gurbaxani V. Social networks and contract enforcement in IT outsourcing[C]// Pacific Asia Conference on Information Systems,2009.

[141] Ring P S,Andrew H Van De Ven.Developmental processes of cooperative interorganizational relationships[J].Academy of Management Review,1994, 19(1)90-118.

[142] Rivera J.Regulatory and stakeholders influences on corporate environmental behavior in Costa Rica [D].Washington, D.C.: The George Washington University,2004.

[143] Rodriguez-Diaz M,Espino-Rodriguez T F.Developing relational capabilities in hotels[J].International Journal of Contemporary Hospitality Management, 2006,18(1):25-40.

[144] Rozanova J. Portrayals of corporate social responsibility: a comparative analysis of a Russian and a Canadian newspaper [J]. Journal for East European Management Studies,2006,11(1):48-71.

[145] Rugman A M,Verbeke A.Corporate strategy and international environmental policy[J].Journal of International Business Studies,1998,29(4):819-833.

[146] Sabherwal R.The role of trust in outsourced IT development projects[J]. Communications of the ACM,1999,42(2):80-86.

[147] Sawhney M, Prandelli E. Communities of creation: managing distributed innovation in turbulent markets[J].California Management Review,2000,42 (4):24-54.

[148] Sezen B,Yilmaz C.Relative effects of dependence and trust on flexibility, information exchange and solidarity in marketing channels[J].Journal of Business and Industrial Marketing,2007,22(1):41-51.

[149] Sharma S.Managerial interpretations and organizational context as predictors of corporate choice of environmental strategy[J].Academy of Management Journal,2000,43(4):681-697.

[150] Sharma S,Verdenburg H.Proactive corporate environmental strategy and the development of competitively valuable organizational capabilities [J]. Strategic Management Journal,1998,19(8):729-753.

[151] Singh R R,Chelliah T R.Enforcement of cost-effective energy conservation on single-fed asynchronous machine using a novel switching strategy[J].

Energy,2017,126(5):179-191.

[152] Somech A,Desivilya H S,Lidogoster H.Team conflict management and team effectiveness management[J].Journal of Organizational Behavior,2009,30(3):359-378.

[153] Sorrell S. The economics of energy service contracts [J]. Energy Policy, 2007,35(10):507-521.

[154] Soto-Acosta P,Popa S,Martinez-Conesa I.Information technology,knowledge management and environmental dynamism as drivers of innovation ambidexterity:a study in SMEs[J].Journal of Knowledge Management, 2018,22(4):824-849.

[155] Sroufe R, Curkovic S, Montabon F. The new product design process and design for environment:"Crossing the chasm" [J].International Journal of Operations and Production Management,2000,20(2):267-291.

[156] Suchman M C. Managing legitimacy:strategic and institutional approaches [J].The Academy of Management Review,1995,20(3):571-610.

[157] Suddaby R, Greenwood R. Rhetorical strategies of legitimacy [J]. Administrative Science Quarterly,2005,50(2):35-67.

[158] Sveiby K E,Simons R.Collaborative climate and effectiveness of knowledge work:an empirical study[J].Journal of Knowledge Management,2002,6(5):420-433.

[159] Szulanski G.Exploring internal stickiness:impediments to the transfer of best practice within the firm[J].Strategic Management Journal,1996,17(4):27-44.

[160] Talmud I,Mesch G S. Market embeddedness and corporate instability:the ecology of inter-industrial networks[J].Social Science Research,1997,26(4):419-441.

[161] Tang Erzi, Peng Chong, Xu Yilan. Changes of energy consumption with economic development when an economy becomes more productive[J]. Journal of Cleaner Production,2018,196(9):788-795.

[162] Thanapol T, Chanathip P, Orathai C, et al. Energy, environmental, and economic analysis of energy conservation measures in Thailand's upstream petrochemical industry[J]. Energy for Sustainable Development, 2016, 34(7):88-99.

[163] Thornton D,Gunningham N A,Kagan R A.General deterrence and corporate

environmental behavior[J].Law and Policy,2005,27(2):262-300.

[164] Tiwana A.Systems development ambidexterity:explaining the complementary and substitutive roles of formal and infromal controls [J]. Journal of Management Information Systems,2010,27(2):87-126.

[165] Tushman M L, Anderson P.Technological discontinuities and organizational environments[J].Administrative Science Quarterly,1986,31(3):439-465.

[166] Virginia A, Lucia C.Governance and co-ordination of distributed innovation processes:patterns of R&D co-operation in the upstream petroleum industry [J].Economics of Innovation and New Technology,2005,14(1-2):1-21.

[167] Vnhaverbeke W P M,Beerkens B E,Duysters G.Explorative and exploitative learning strategies in technology-based alliance networks[J]. Academy of Management Best Conference Paper,2006 BPS:1-7.

[168] Von Hippel E.Democratizing innovation[M].Boston:The MIT Press,2006.

[169] Wah L. Making knowledge stick [M]//Cortada J W, Woods J A. The knowledge management yearbook 2000—2001. MA: Butterworth-Heinemann Ltd,2000:145-156.

[170] Wang Chang,Zhang Jinhe,Yu Peng,et al.The theory of planned behavior as a model for understanding tourists' responsible environmental behaviors:the moderating role of environmental interpretations [J]. Journal of Cleaner Production,2018,194(9):425-434.

[171] West J, Lakhani K R.Getting clear about communities in open innovation [J].Industry and Innovation,2008,15(2):223-231.

[172] Westphal J D,Zajac E J.Decoupling policy from practice:the case of stock repurchase programs[J]. Administrative Science Quarterly, 2001, 46(2): 202-228.

[173] Winn M I,Angell L C.Towards a process model of corporate greening[J]. Organization Studies,2000,21(6):1119-1147.

[174] Yik F W H,Lee W L.Partnership in building energy performance contracting [J].Building Research and Information,2004,32(3):235-243.

[175] Zaheer A, Bell G G. Benefiting from network position:firm capabilities, structural holes,and performance[J].Strategic Management Journal,2005, 26(9):809-825.

[176] Zhao X L,Liu S W,Yan F G,et al.Energy conservation,environmental and economic value of the wind power priority dispatch in China[J].Renewable

Energy,2017,111(3):666-675.

[177] Zucker L G.Production of trust:institutional sources of economic structure, 1840—1920[J].Research in Organizational Behavior,1986,8(1):53-111.

[178] 布劳.不平等和异质性[M].王春光,谢圣赞,译.北京:中国社会科学出版社,1991:41-52.

[179] 陈本松,曹细玉.虚拟品牌社群持续参与决策:基于社会影响理论[J].技术经济,2016,35(7):86-91.

[180] 陈鹏.创新政策与环境政策协同推进绿色创新[J].世界科学,2012(8):55-57.

[181] 陈剑,吕荣胜.节能服务的经济学分析[J].南京社会科学,2011(6):51-56.

[182] 陈剑.基于价值链理论的节能服务企业成长动力机制研究[D].天津:天津大学,2015.

[183] 陈兴荣,余瑞祥,向东进.企业主动环境行为动力机制研究[J].统计与决策,2012(5):184-186.

[184] 陈扬,许晓明,谭凌波.组织退耦理论研究综述及前沿命题探讨[J].外国经济与管理,2011(12):18-25.

[185] 国家经济和发展委员会.山东工程咨询院等单位节能评估文件造假[DB/OL].(2016－04－05)[2018－04－05].http://money.163.com/16/0405/15/BJT8V9NB00253B0H.html.

[186] 高腾.比利时微电子研究中心IMEC的成功经验[J].中国集成电路,2003(3):114-117.

[187] 耿先锋.顾客参与测量维度、驱动因素及其对顾客满意的影响机理研究:以杭州医疗服务业为例[D].杭州:浙江大学,2008:87-90.

[188] 龚毅,张慧,彭诗金,等.产业共性技术创新平台的构建与实现研究[J].经济论坛,2013(4):104-107.

[189] 何立华,杨然然,马芳丽.基于Shapley值的绿色建筑合同能源管理收益分配[J].工程管理学报,2016(6):12-16.

[190] 韩贯芳,闫乃福.节能服务公司与用能方的契约关系研究[J].建筑节能,2010(1):74-77.

[191] 贺小刚.企业持续竞争优势的资源观阐释[J].南开管理评论,2002,5(4):32-37.

[192] 贾生华,陈宏辉.利益相关者的界定方法述评[J].外国经济与管理,2002,24(5):13-18.

[193] 金帅,张洋,杜建国.动态惩罚机制下企业环境行为分析与规制策略研究 [J].中国管理科学,2015(S1):637-644.

[194] 金昕,陈松.知识源战略、动态能力对探索式创新绩效的影响[J].科研管理,2015(2):32-41.

[195] 康凯,张敬,张志颖,等.关系嵌入与风险感知对网络组织治理模式选择的影响研究[J].预测,2015(2):54-59.

[196] 雷善玉,王焕冉,张淑慧.环保企业绿色技术创新的动力机制:基于扎根理论的探索研究[J].管理案例研究与评论,2014,7(4):283-296.

[197] 李纪珍.产业共性技术:概念、分类与制度供给[J].中国科技论坛,2006(3):45-47.

[198] 李建玲,李纪珍.产业共性技术与关键技术的比较研究[J].技术经济,2009,28(6):11-17.

[199] 刘学元,丁雯婧,赵先德.企业创新网络中关系强度、吸收能力与创新绩效的关系研究[J].南开管理评论,2016(1):30-42.

[200] 罗家德.社会网分析讲义[M].北京:社会科学文献出版社,2004:174-178.

[201] 马刚.基于战略网络视角的产业区企业竞争优势实证研究[D].杭州:浙江大学,2005:198.

[202] 马媛,侯贵生,尹华.绿色创新、双元性学习与企业收益的关系:基于资源型企业的实证研究[J].技术经济,2016,35(5):46-52.

[203] 曲小瑜,张健东.制造业环境技术创新能力综合评价:基于最大信息熵原理与投影寻踪耦合模型[J].科技管理研究,2017(5):70-76.

[204] 申钦鸣,柯珍雅.探寻合适的治理模式:信任与社会关系网络在中国节能服务公司发展过程中的作用[J].经济社会体制比较,2016(3):40-51.

[205] 沈超红,谭平,李敏,等.合约安排与节能服务项目的市场拓展[J].管理学报,2010(11):1660-1664.

[206] 唐庄菊,汪纯孝,岑成德.专业服务消费者信任感的实证研究[J].商业研究,1999(10):39-41.

[207] 田小平.基于交易成本经济学的节能服务外包决策研究[J].中南财经政法大学学报,2011(4):101-107.

[208] 王京芳,周浩,曾又其.企业环境管理整合性架构研究[J].科技进步与对策,2008,25(12):147-150.

[209] 王熹,赵涛,徐碧琳,等.组织间承诺对网络组织效率的影响[J].现代财经,2012(11):120-129.

［210］ 王颖,王方华.关系治理中关系规范的形成及治理机理研究［J］.软科学,
2007,21(2):67-70.

［211］ 王雨霖.基于低碳经济背景下节能减排评价体系的构建策略研究［J］.环
境科学与管理,2018,43(3):89-93.

［212］ 王志雄,徐海龙,祁卓娅,等.环境约束下基于全要素能源效率的我国各
省份节能潜力分析［J］.中国能源,2018(6):35-39.

［213］ 王强,谭忠富,谭清坤,等.节能目标下的节能服务公司选择策略［J］.生
态经济,2018,34(7):61-67.

［214］ 王宇露.海外子公司的战略网络、社会资本与网络学习研究［D］.上海:
复旦大学,2008.

［215］ 王宇露.节能服务中的客户信任及其培育机制研究:基于社会交换与交
易成本理论的动态视角［J］.浙江师范大学学报(社会科学版),2014
(4):69-78.

［216］ 王宇露.节能服务外包的多元治理方式构成与形成机理:能力理论与社
会网络的视角［J］.上海电机学院学报,2014(5):292-299.

［217］ 王宇露,黄平,单蒙蒙.共性技术创新平台的双层运作体系对分布式创新
的影响机理:基于创新网络的视角［J］.研究与发展管理,2016(3):97-
106.

［218］ 王娟茹,张渝.环境规制、绿色技术创新意愿与绿色技术创新行为［J］.科
学学研究,2018(2):361-371.

［219］ 向丽,胡珑瑛.R&D外包与企业绿色技术创新:环境规制的调节作用
［J］.管理现代化,2017,37(6):60-63.

［220］ 肖芬蓉,黄晓云.企业"漂绿"行为差异与环境规制的改进［J］.软科学,
2016,30(8):61-69.

［221］ 谢洪涛,赖应良,孙玉梅.科研团队社会资本、个体动机对个体知识共享
行为的影响［J］.技术经济,2016,35(1):30-35.

［222］ 徐建中,王曼曼.绿色技术创新、环境规制与能源强度:基于中国制造业
的实证分析［J］.科学学研究,2018(4):744-754.

［223］ 薛捷,张振刚.国外产业共性技术创新平台建设的经验分析及其对我国
的启示［J］.科学学与科学技术管理,2006(12):87-92.

［224］ 阎建明,朱开伟,刘贞,等.基于TOPSIS的合同能源管理利益分配方式研
究［J］.重庆理工大学学报(社会科学),2016(2):69-75,103.

［225］ 杨德锋,杨建华.企业环境战略研究前沿探析［J］.外国经济与管理,2009
(9):29-38.

［226］ 杨锋,何慕佳,梁樑.基于多属性逆向拍卖的节能服务公司选择研究［J］.中国管理科学,2015(5):98-107.

［227］ 张海燕,邵云飞,王冰洁.考虑内外驱动的企业环境技术创新实证研究［J］.系统工程理论与实践,2017,37(6):1581-1595.

［228］ 张涑贤,蔺丹丹.建筑节能服务中市场机制与政府规制的互动机制研究［J］.改革与战略,2017,33(2):21-24.

［229］ 张倩,曲世友.环境规制对企业绿色技术创新的影响研究及政策启示［J］.中国科技论坛,2013(7):11-18.

［230］ 张劲松.企业环境行为信息公开及其评价模型研究［J］.科技管理研究,2008(12):258-261.

［231］ 赵红艳,祝连波.建筑节能服务供应链联盟利益分配研究［J］.财会通讯,2017(23):53-57.

［232］ 邹樵.共性技术扩散与政府行为研究［D］.武汉:华中科技大学,2008:30-36.

［233］ 张渝,王娟茹.主观规范对绿色技术创新行为的影响研究［J］.软科学,2018(2):93-95.

［234］ 张倩,曲世友.环境规制对企业绿色技术创新的影响研究及政策启示［J］.中国科技论坛,2013(7):11-18.

［235］ 张彦博,潘培尧,鲁伟,等.中国工业企业环境技术创新的政策效应［J］.中国人口·资源与环境,2015(9):138-144.

［236］ 张海燕.企业环境技术创新的驱动机理研究［D］.成都:电子科技大学,2016.

［237］ 朱东山,孔英.合同能源管理模式下能源管理公司和用户的效益分配比例研究［J］.生态经济,2016(11):59-64.